Ein Jahr lang hat sich Andreas Tjernshaugen auf die Pirsch begeben und in einem nahe gelegenen Wald am Oslofjord Füchse beobachtet. Manchmal war er mit seinem Hund Topsy unterwegs, meistens aber allein, oft in den frühen Morgenstunden, ausgerüstet mit Thermoskanne und Proviant für lange Sitzungen. Immer wieder ließ er eine Wildkamera mit Bewegungsmelder zurück, um die Filme später zu Hause auszuwerten. Zu Hause vertiefte er sich auch in die wissenschaftliche und kulturgeschichtliche Literatur über Füchse. In 25 Kapiteln beschreibt er, was er gesehen, gelesen und gelernt hat. Er erzählt vom ausgeprägten Familiensinn der Füchse, aber dass sie auch fremdgehen, erzählt vom Fuchs, der unsere Städte erobert und dort seinen unbändigen Spieltrieb auslebt, erzählt von den Mythen, die sich um ihn gebildet haben, von der Tradition der Fuchsjagd, von der Pelztierzucht und von vielem mehr.

Andreas Tjernshaugen, geboren 1972, studierte Soziologie und arbeitete mehrere Jahre im Bereich Klimaforschung. Er lebt mit seiner Familie, seinem Hund Topsy und ein paar Hühnern in Nesodden am Oslofjord. 2017 erschien im Insel Verlag *Das verborgene Leben der Meisen* und wurde zu einem großen Erfolg.

Ulrich Sonnenberg, geboren 1955, übersetzt aus dem Dänischen und Norwegischen, u. a. Christian Andersen, Herman Bang, Erika Fatland, Erling Kagge und Karl Ove Knausgård.

Andreas
Tjernshaugen

DAS VERBORGENE LEBEN DER FÜCHSE

Eine Spurensuche

Aus dem Norwegischen von
Ulrich Sonnenberg

Mit vielen Abbildungen

Insel Verlag

Titel der Originalausgabe: *Reven. Portrett av et villdyr*
First published by Kagge Forlag AS, Oslo, 2021

Der Verlag dankt NORLA – Norwegian Literature Abroad
für die großzügige Förderung der Übersetzung

NORLA
Norwegian
Literature Abroad

Klimaneutral
Druckprodukt
ClimatePartner.com/14438-2110-1001

Erste Auflage 2023
Deutsche Erstausgabe

Umschlaggestaltung: Designbüro Lübbeke, Naumann, Thoben, Köln
Umschlagabbildungen: Isselee / Dreamstime
Satz: Greiner & Reichel, Köln
Druck und Bindung: CPI books GmbH, Leck
Printed in Germany
ISBN 978-3-458-64371-5

www.insel-verlag.de

Inhalt

»… es ist ganz großer Wahnsinn zu glauben,
der Fuchs hätte sein wildes Wesen und seine
wilde Natur abgelegt und stünde in der Kirche
und sänge wie eine Nonne …«

Herman Weigere, *En Ræffue Bog*, 1555

Der Bau

Der Fuchsbau liegt nur einen Steinwurf vom Waldweg entfernt, doch die wenigsten Menschen, die hier in Wanderstiefeln oder Laufschuhen vorbeikommen, wissen davon. Um den Bau zu finden, muss man einen Abhang drei, vier Meter hinunterklettern und dann einen Bach überqueren. Ist der Bach ausgetrocknet, springe ich einfach drüber oder hüpfe von Stein zu Stein, aber wenn er Wasser führt, balanciere ich über einen umgestürzten Baumstamm. Der Fuchs macht es genauso. Ich habe seine Spuren im Neuschnee gesehen.

Der Abhang neben dem Waldweg führt in eine kleine Senke, auf der anderen Seite liegt das Ende eines Kornfeldes. Zwischen dem Wald und dem Feld kommt mir die Senke vor wie ein geheimer Raum, mit einem dunklen, farnbewachsenen Boden, den der Bach ebnet, wenn er über seine Ufer tritt und die Erde ablagert, die er weiter oben in seinem Bett abgetragen hat. Oder besser gesagt, die Bäche. Denn dort unten in der Senke verschmelzen zwei Bäche. Zwischen den beiden Bachläufen türmt sich der Erdhügel auf, den der Fuchs besetzt und durchlöchert hat. Rund um den oberen Teil des Hügels hat er mehr als zehn Ausgänge gegraben, die jeweils bis zu einem halben Meter breit sind. Möglicherweise sind sie alle durch ein und dasselbe Tunnelsystem miteinander verbunden.

In alten Erzählungen wird der unterirdische Unterschlupf des Fuchses zu einer Burg, die der schlaue Adlige Reineke Fuchs mit vielen Ausgängen und Fluchtwegen gesichert hat, um jederzeit entkommen zu können, sollte ein Feind eindringen. In Wahrheit ist das Tunnelsystem eines Fuchsbaus hauptsächlich das Werk der Fähe. Generationen von Fuchsmüttern haben in dem Erdhügel Gänge und Wurfhöhlen gegraben, während sie trächtig waren. Seit mehr als einem halben Jahrhundert haben sie hier in einigen Metern Tiefe im Frühjahr ihre Nachkommen in völliger Dunkelheit geboren und gesäugt.

Im Winter sind an den Ausgängen hin und wieder Fuchsspuren und Urinmarkierungen im Schnee zu erkennen. Im Frühjahr, wenn die Welpen klein sind, verhält sich die Fähe diszipliniert und vermeidet es, Nahrungsabfälle und allzu kräftige Geruchsmarkierungen rund um den Bau zu hinterlassen, um nicht zu verraten, wo der Wurf versteckt ist. Im Laufe des Frühsommers, wenn die Welpen anfangen, die Schnauzen aus dem Bau zu stecken, nimmt sie es damit nicht mehr so genau: Reste von Nahrungsmitteln und Spielzeug, das die Eltern den Kleinen bringen, sammeln sich um den Bau herum an. In einem Sommer habe ich hier Federn, Knochen und Plastikverpackungen gefunden. »Weißbrot« und »Ökologische Feigen« stand auf den Tüten.

Doch auch wenn man solch einen prächtigen Fuchsbau mit einer beachtlichen Geschichte entdeckt hat, ist noch nicht geklärt, ob der Fuchs sich tatsächlich darin aufhält. Denn die Fähe schläft eigentlich nur während der Wochen der Aufzucht bei ihrem Nachwuchs. Kurz vor der Geburt sucht sie sich eine

Wurfhöhle, vielleicht nutzt sie noch einmal den großen, alten Bau, möglicherweise gräbt sie sich aber auch eine ganz neue Höhle. An mehreren Stellen des Erdhügels sind Hinweise zu finden, dass die Füchsin gegraben und ihren Unterschlupf instand gesetzt hat – entweder wollte sie etwas ausprobieren oder ganz einfach denjenigen verwirren, der nach ihr sucht. Strenger Geruch von frischem Fuchsurin an der Öffnung eines Baus weist zumindest darauf hin, dass hier kein Wurf von Welpen zu erwarten ist. So ist das mit den Füchsen, man weiß nie, woran man bei ihnen ist.

Auf der Spur

Wir klettern durch die Blaubeerheide einen Hügel hinauf. Topsy hat eine Fährte aufgenommen, sie liegt flach auf dem Boden und zerrt an der Leine, und ich protestiere nicht, solange sie mir den Hügel hinaufhilft. Es ist erstaunlich, welche Kraft in einem nur zehn Kilo schweren Hund schlummert. An einer Kiefernwurzel kann ich mich hochziehen und mit dem Fuß abstützen, dann habe ich den Hügel erklommen. Vor uns liegt ein unbekannter Pfad, und Topsy will ihm unbedingt nach links folgen. Ich lasse mich von ihr führen, habe aber keine Ahnung, was für einer Spur sie folgt. Ein Fuchs, ein Marder? Oder ein Hund, der an der Leine mit seinem Herrchen unterwegs ist? Doch im Gegensatz zu mir kann Topsy sofort erkennen, wo ein Tier über den Waldboden gelaufen ist, also folge ich ihr.

Topsy ist eine dänisch-schwedische Farmhündin. Die Ohren können sich nicht wirklich entscheiden, ob sie hängen oder stehen sollen, und viele halten sie für einen glatthaarigen, langbeinigen Jack Russell Terrier. Farmhunde waren auf den Höfen in Schonen und Dänemark traditionell nützliche Mäuse- und Rattenjäger, und auch Topsy jagt meiner Erfahrung nach so gut wie allen Tieren hinterher. Soweit ich weiß, hat sie allerdings bisher nur einen ausgesprochen unvorsichtigen Dompfaff auf dem Gewissen. Als Topsy zum ersten Mal Gänse sah, kauerte sie sich auf den Boden und fing an, sich anzuschleichen. Daher bleibt sie angeleint, wenn wir im Wald bei Nesodden spazieren gehen, zumal sie uns schon ein paar Mal davongelaufen ist und einmal sogar ein Reh über den Waldweg getrieben hat, was nicht nur uns verblüffte, sondern auch einige andere Familien, die ihren Sonntagsspaziergang unternahmen.

Nur ein einziges Mal ist Topsy in die Nähe eines Fuchses geraten. Er lief uns zufällig bei unserem Abendspaziergang über den Weg. Topsy geriet völlig außer Rand und Band – als hätte sie eine Katze gesehen. Sie bellte und winselte, legte sich flach auf den Boden und zerrte an der Leine. Auch ich fand die Begegnung mit dem Fuchs interessant, denn Rotfüchse hatte ich bisher noch nicht so oft zu Gesicht bekommen. Obwohl ich in meiner Kindheit viel Zeit damit verbracht habe, wilde Tiere zu beobachten, erinnere ich mich nur an eine einzige Begegnung mit einem Fuchs. Damals tauchte mitten am Tag ein krankes Tier in unserer Nachbarschaft auf. Ein räudiger Fuchs mit großen kahlen Flecken. Er blieb wenige Meter von mir entfernt stehen und sah mich mit zusammengekniffenen Augen an, bevor er zum Straßenrand schlich und zwischen den Bäumen verschwand. Die Räude war im Übrigen auch der Grund, warum man so wenig Füchse sah. Die Fuchsräude-Epidemie in den 1970er und 1980er Jahren hatte den Bestand an Rotfüchsen weitgehend dezimiert. Mein neu erwachtes Interesse an Füchsen hat vielleicht mit einem Versuch zu tun, sich an etwas Verlorenes aus der Kindheit zu erinnern.

1 *Neugieriger Fuchs, der seinen Winterpelz verliert, bei Nesodden im Mai*

Seit ich mich mit dem Fuchs beschäftige, beobachte ich unsere Hündin besonders interessiert. Vermutlich nimmt Topsy die Welt ähnlich wahr wie ihr rothaariger Verwandter mit der weißen Schwanzspitze, auf jeden Fall erlebt sie die Welt auf eine vollkommen andere Art und Weise als ich. Wenn wir dort spazieren gehen, wo viele Hundebesitzer mit ihren Hunden Gassi gehen, bleibt sie hin und wieder eine Minute schnüffelnd stehen und folgt jedem Grashalm und jedem Zweig mit der Nase – ich nehme an, sie will so viel wie möglich über den Hund herausfinden, der dort uriniert hat. Bisweilen gerät Topsy außer sich vor Aufregung über etwas, das sich meinen Augen verbirgt; aber oft sehe ich auch nur wenige Meter von uns entfernt eine Katze oder ein Reh, das Topsy nicht wahrnimmt, weil der Wind aus der falschen Richtung kommt. Ich bilde mir ein, dass es beim Fuchs so ähnlich sein muss.

Der Waldweg, den Topsy gefunden hat, erweist sich als ein Wildwechsel, der einfach aufhört und verschwindet, aber sie läuft mit der Nase am Boden weiter. Wir gehen über eine Hügelkuppe. Das Terrain fällt langsam ab. Der offene Kiefernwald wird von Haselnussbäumen abgelöst, die Bäume haben viele dünne Stämme, die sich in alle Richtungen neigen; im Frühjahr werden die Blätter dieser Holzfontänen die Sonne abschirmen, sodass darunter kaum noch etwas wachsen kann. Der Waldboden ist übersät mit braunen Blättern. Diese Böschung könnte ein guter Ort für einen Fuchsbau sein, denke ich noch, und als Topsy mich auf eine kleine Lichtung zwischen einem Kiefernbaum und einem Felsen zieht, entdecke ich den Bau. Die Hündin steckt die Nase in ein Loch, das offenbar in den Hang gegraben wurde. Etwas weiter entfernt bemerke ich ein weiteres Loch. Topsy ist jetzt aufgeregt, es sieht aus, als wollte sie in die Gänge kriechen, um den Bau von innen zu untersuchen, aber ich halte sie fest an der Leine, weil ich nicht riskieren will, dass sie unter der Erde stecken bleibt oder dort auf einen Fuchs oder ein anderes wildes Tier trifft.

Ein Fuchsbau liegt häufig in der Nähe eines Baches oder einer anderen Trinkwasserquelle. Es hat allerdings wenig Sinn, direkt am Bachlauf nach einem Bau zu suchen, denn dort könnte er leicht von Wasser überschwemmt werden. Der Fuchs braucht lockere und trockene Erde, damit er bequem darin graben und einige Meter tief ins Erdreich vordringen kann. Geeignet sind Hänge und Böschungen. Es heißt, der Fuchs bevorzuge Südhänge. Auch Felsspalten, Hohlräume unter Baumstümpfen und Baumwurzeln, Geröllhalden aus großen Steinen und Löcher unter Gebäuden können für einen Bau genutzt werden; an solchen Stellen ist es bisweilen schwierig, den Eingang eines Baus von einem gewöhnlichen Loch zu unterscheiden. Dort, wo ich lebe, möchte der Fuchs am liebsten nicht gesehen werden. Daher zieht er es vor, seinen Bau an einem unzugänglichen oder abgeschirmten Ort anzulegen, der allerdings erstaunlich nah an Häusern, Feldern oder Wegen liegen kann.

Hin und wieder zieht der Fuchs in alte Dachsbauten ein und nutzt das vorhandene Gangsystem, und in großen, alten Anlagen kommt es bisweilen sogar vor, dass sich Dachs und Fuchs arrangieren und jeder in seinem Teil des Baus lebt. Ein Höhlenbewohner ist der Fuchs allerdings lediglich, wenn das Wetter schlecht ist oder er von Feinden verfolgt wird und Zuflucht suchen muss. Normalerweise schläft er am liebsten unter freiem Himmel. Der Dachs hingegen lebt das ganze Jahr über in seinem Bau, daher sind die Wege, die aus seinem Bau herausführen, stärker zertrampelt als die vor einem Fuchsbau. Auch häuft der Dachs durch sein ewiges Graben weitaus größere Erdhaufen an als der Fuchs. Außerdem richtet sich der Dachs gern mit einer weichen Unterlage aus Blättern und Moos ein, die er regelmäßig erneuert. Häufig sieht man, dass der Dachs gerade altes Material aus dem Bau transportiert hat und den Bau mit neuen Blättern ausstattet. Einen Dachsbau erkennt man auch an dem gut sichtbaren Graben, der vom Bau wegführt und durch das ständige Graben entstanden ist. Ein Fuchs hinterlässt keine solche Gräben. Einen bewohnten Fuchsbau erkennt man außerdem an dem charakteristischen Geruch seiner Bewohner, beziehungsweise an den Futterresten rund um die Öffnung, die bei einem Dachsbau nicht vorkommen.

Bekommt man den Fuchs nicht zu Gesicht, muss man nach seinen Spuren suchen. Da er gern Vögel jagt, finden sich häufig viele Federschäfte am Boden, die er mit seinen scharfen Schneidezähnen einfach durchgebissen hat. Sind die abgebissenen Federn weiträumig verteilt, hat sich vermutlich ein Wurf Welpen anschließend über den Vogelkadaver hergemacht. Ein Habicht geht, ebenso wie ein Falke oder eine Eule, ganz anders vor. Er hinterlässt einen Haufen Federn, die er alle sorgfältig aus der Beute gerupft hat.

Seinen Kot verteilt der Fuchs häufig demonstrativ, zum Beispiel auf Baumstümpfe oder umgestürzte Baumstämme. Die Würste sind etwa anderthalb Zentimeter dick und fünf bis zehn Zentimeter lang. Sie können aus mehreren Teilen bestehen, die von den Haaren der Beutetiere zusammengehalten werden. Häufig ist der Kot spiralförmig und an einem Ende zu einer Spitze zusammengedrückt. Außer Haaren enthält der Kot oft kleine Mäuseknochen. Alter Fuchskot wird weißlich, der frische Kot ist schwarz oder grau. Da der Kot häufig Krankheitserreger enthält, fasst man ihn besser nicht an, allerdings lässt sich Fuchskot und Urin am typischen Geruch gut erkennen. Der beste Vergleich, den ich kenne, ist vielleicht der Duft einer frisch geöffneten Packung mit Pulverkaffee, allerdings ist es ein eher tierischer Geruch, mit dem man sich ganz einfach vertraut machen muss. Es stinkt nicht wie die Hinterlassenschaften von Hunden, Katzen oder anderen Haustieren.

Der »Fußabdruck« des Fuchses ähnelt dem eines kleinen bis mittelgroßen Hundes. Man sieht die Abdrücke des hinteren Ballens und der vier Vorderzehen mit den Kerben der Klauen. Von Katzen- und Dachsspuren sind diese Abdrücke leicht zu unterscheiden, da sich bei Katzenspuren die Krallen nicht abzeichnen und Dachse fünf statt vier Zehen haben. Die Unterscheidung von Hunde- und Fuchsspuren ist etwas schwieriger. Die Pfotenabdrücke eines Fuchses sind langgezogener als die eines Hundes, fünf bis sieben Zentimeter lang und gut vier Zentimeter breit. Gut zu unterscheiden sind die verschiedenen Abdrücke im Schnee oder in nassem Sand. Zieht man da einen geraden Strich direkt hinter den beiden mittleren und den vorderen Zehen vom Pfotenabdruck eines Fuchses, liegen die beiden äußeren Zehen vollständig hinter dem Strich. Bei dem Abdruck einer Hunde- oder Wolfspfote überlappen die beiden äußeren Zehen den Strich.

Die Sonne glitzert im frischen Schnee, als wir auf eine Fuchsspur stoßen. Topsy und ich nehmen die Fährte auf. Sie schnüffelt, ich schaue. Wenn der Hund Stiefel- oder Hundespuren folgen will, sage ich nur: »Aufpassen!« Dann hebt Topsy den Kopf und schaut mich an. Zeige ich in die Richtung, in die der Fuchs gelaufen ist, weiß sie genau, was ich will, und läuft mit gesenktem Kopf weiter die Fuchsspur entlang. Sie liebt dieses Spiel. Ich auch.

Die Spur verläuft zunächst am Waldrand, dann verschwindet sie in einem undurchdringlichen Gehölz aus jungen Fichten. Wir verlieren die Fährte, aber glücklicherweise taucht sie ein paar Meter weiter wieder auf. Es sieht nicht so aus, als hätte der Fuchs etwas erbeutet. Hin und wieder ist er schneller gelaufen und auch mal ein paar Meter gesprungen, aber wie es scheint, ist er anschließend einfach weiter in die gleiche Richtung getrabt. Ich halte Topsy zurück, damit sich ihre Spur nicht mit der des Fuchses vermischt, und gehe in die Knie, um mir die Abdrücke im Schnee genau anzusehen. Die Sonne hat den Schnee zum Schmelzen gebracht und die Abdrücke sind nicht mehr gut zu erkennen. Dennoch bin ich *beinahe* sicher, dass es sich um eine Fuchsspur handelt und nicht um die Abdrücke eines munteren freilaufenden Hundes. Schon bald finden wir eine neue Spur auf einer Lichtung, auf der im Sommer Kühe grasen. Die Spur zieht sich über die Weide und führt mich zu einer Stelle, an der sich der Bach leicht überqueren lässt. Ich kannte sie bisher nicht. Hier finde ich auch erstklassiges Beweismaterial: Urin im Schnee. Ich schaue mich um, bevor ich mich in den Schnee lege und die Nase über den gelbbraunen Flecken halte, ungefähr so, wie Topsy es macht. Ich schnüffele. Es riecht nach Fuchs.

*2 Die Pupillen des Fuchses sind senkrecht geformt.
Das Foto wurde im Februar im Tierpark Bjørneparken in Flå aufgenommen*

Wie Hund und Katze

Blickt man in die bernsteingelben Augen eines Fuchses, fällt sofort auf, dass es sich bei den Pupillen um senkrechte Schlitze handelt – wie bei einer Katze. Es ist ein Hinweis auf das Tier, mit dem wir es zu tun haben: ein Tier mit Katzenaugen in einem schlanken Hundekörper. Der Rotfuchs ist mit dem Hund und dem Wolf verwandt, doch seine Lebensweise gleicht eher der von Katzen, denn wie Haus- und Wildkatzen ist der Fuchs ein einsamer Jäger. Er sucht sich eine möglichst kleine Beute, die er allein erwischen kann.

Daher geht der Fuchs besonders gern auf Mäusejagd. Ein Rascheln und Knistern und der Fuchs weiß, wo sich eine Maus aufhält, sogar im hohen Gras. Damit die Beute nicht zu früh gewarnt wird, schleicht sich der Fuchs lautlos an. Das letzte Stück fliegt er sogar. Er krümmt sich zusammen und springt hoch in die Luft. Normalerweise springt er bis zu zwei Meter weit, wenn es notwendig ist, gelingt ihm allerdings sogar ein Sprung von bis zu fünf Metern, wobei er den Kurs mit seinem langen Schwanz justiert. Er landet direkt auf dem kleinen

Nager und fängt ihn entweder mit der Schnauze oder einer Pfote. Der Rotfuchs ist ein talentierter Jäger, doch es fehlen jegliche Anlagen zu einem koordinierten Vorgehen als Gruppe, wie es bei einem Wolfsrudel zu beobachten ist, das gemeinsam einen stattlichen Elch erlegt, den keiner der Wölfe allein bezwingen könnte. Nach erfolgreicher Jagd macht sich der Fuchs auch allein über seine Beute her. Viel zu teilen gibt es bei einer Maus ja ohnehin nicht.

Der Körperbau des Fuchses ist ideal für die luftigen Sprünge: Ein Fuchs ist leicht, denn die Knochen seines Skeletts sind dünner, als man es bei einem so großen Säugetier erwarten würde. In seinem dichten Winterpelz, mit dem sich der Fuchs hier im Norden warm hält, sieht er recht wohlgenährt und rund aus, im Sommer ist der schlanke Körperbau jedoch deutlich zu erkennen. Dem Fuchs fehlt auch die breite Brustpartie, die bei Hunden ähnlicher Größe häufig zu sehen ist. Die Eingeweide sind leichter, denn zu den »Einsparungen«, die den Fuchs so leichtgewichtig werden lassen, gehört, dass er nur wenig Platz im Magen hat. Während ein Wolf oft zwanzig Prozent seines eigenen Körpergewichts auf einmal an Nahrung zu sich nimmt, schafft ein Fuchs kaum mehr als zehn Prozent; und während ein Wolf lange von einer Mahlzeit zehren kann, muss der Fuchs häufig und regelmäßig fressen. Statt wie der Wolf die Beute auf einmal zu fressen, vergräbt der Fuchs Vorräte – etwa eine einzelne Maus –, wenn etwas von ihr übrig bleibt.

Die Schulterhöhe eines typischen norwegischen Fuchses beträgt rund vierzig Zentimeter. Ohne den langen, buschigen Schwanz ist der Körper des Fuchses sechzig bis fünfundachtzig Zentimeter lang und wiegt normalerweise nur vier bis acht Kilo. Wenn ich das Maßband bei Topsy anlege und sie auf die Badezimmerwaage stelle – normalerweise reagiert sie dabei ausgesprochen skeptisch und muss reichlich mit Leckerbissen belohnt werden –, stelle ich fest, dass sie schwerer als die allermeisten Füchse ist. Ihre Rückenlänge entspricht der eines ausgewachsenen Fuches, mit ihrer Schulterhöhe kommt sie aber nicht an ihn heran … Auch wenn Topsys Vorfahren seit Jahrtausenden mit Menschen zusammengelebt und seit Generationen auf dänischen und schwedischen Bauernhöfen Mäuse gefangen haben, hat sich ihr Körperbau durch das enge Zusammenleben mit den Menschen nicht verändert. Es ist der Körper eines Wildtiers geblieben, er ist das Erbe des Wolfs. Ihr Spielzeug nimmt sie zwischen die Zähne und schüttelt es mit aller Kraft. Nicht anders als ein Wolf seine Beute. Ein Fuchs macht so etwas nicht. Er schlägt die langen, spitzen Eckzähne in die Beute und beißt – wenn nötig mehrfach – fest zu, bis der Tod eintritt, ungefähr so wie eine Katze.

Der Fuchs hat noch einige weitere katzenähnliche Züge. Zum Beispiel zeigt er sich gern von der Seite und macht einen Buckel, wenn es zu einem Konflikt kommt. Und dann sind da, wie gesagt, die Augen. Die senkrecht geformten Pupillen kommen eigentlich nur bei Raubtieren vor, die nach Einbruch der Dunkelheit jagen. Vermutlich ist diese Augenkonstruktion hilfreich, um bei schlechten Lichtverhältnissen den genauen Abstand zum Beutetier einschätzen zu können; solche Pupillen haben Raubtiere, die wie Katzen und Füchse ihre Beute überrumpeln und sie nicht wie Wölfe über große Distanzen offen verfolgen. Der Blick verrät den Fuchs als einen schleichenden Jäger und Nachtwanderer.

Obwohl das Jagdverhalten des Fuchses an Katzen erinnert, ist die Nahrung grundverschieden. Katzen sind weitgehend Fleischfresser. Der Fuchs hingegen frisst nahezu alles. Ihm schmecken zum Beispiel auch Früchte und Beeren – genau wie Topsy, die mit großem Vergnügen am Blaubeerenpflücken teilnimmt. Sie bedient sich direkt an den Sträuchern, und bei der Erdbeer- und Himbeerernte vollführt sie bereitwillig Kunststücke, um hin und wieder eine Beere als Belohnung zu bekommen. Der Fuchs frisst auch gern Regenwürmer, Vogeleier und größere Insekten; vielerorts versorgt er sich mit dem Abfall der Menschen und bedient sich bekanntlich mit Vorliebe in schlecht gesicherten Hühnerställen. Im Winter können die Kadaver größerer Säugetiere seine Rettung sein. Der Fuchs ist vielseitig und anpassungsfähig, ein echter Opportunist.

Der Stammbaum des Fuchses beginnt wie der von uns Menschen sehr weit in der Vergangenheit. Wir Säugetiere leben seit mehr als zweihundert Millionen Jahren auf der Erde, und die Vorfahren der Raubsäugetiere – also des Zweigs, zu dem Füchse, Hunde und Katzen gehören – trennten sich von den übrigen Säugetieren lange bevor eine Katastrophe vor vielen Millionen Jahren die großen Dinosaurier und viele andere Tierarten ausrottete, vermutlich als Folge eines Meteoriteneinschlags. Kurz danach teilten sich die Raubsäugetiere in mehrere Zweige, unter anderem in die Katzenartigen und die Hundeartigen. Diese beiden Zweige waren in ihrer Verbreitung auf Nordamerika beschränkt, solange diesem Teil der Welt die Landverbindung zu den übrigen Kontinenten fehlte.

Topsy, der Rotfuchs und alle anderen heute existierenden Hundeartigen stammen von der Gattung *Leptocyon* ab, die sich in Nordamerika vor vielleicht vierunddreißig Millionen Jahren entwickelte. Die Gattung *Leptocyon* war klein und langgestreckt, wog weniger als zwei Kilo und hatte eine spitze Schnauze mit spitzen Zähnen, die wohl am besten geeignet waren, um kleine Tiere zu fangen. Vermutlich ernährten sie sich nicht nur von Fleisch, sondern zum Beispiel auch von Früchten. Vor circa sechzehn Millionen Jahren trennten sich die Vorfahren des Wolfes unter den *Leptocyon*-Hundeartigen von den Vorfahren des Rotfuchses. Die Vorfahren des Wolfes entwickelten mit der Zeit massive Körper mit einer kräftigen Nackenmuskulatur, Kiefern und Zähnen, die geeignet waren, größere Tiere zu packen, zu töten und in Stücke zu reißen. Außerdem verfügten sie über genügend Ausdauer, um ihre Beute bis zur Erschöpfung vor sich her zu treiben, und über die mentalen Eigenschaften, die notwendig sind, um effektiv im Rudel zu jagen.

Die Vorfahren des Fuchses hingegen hielten sich an eine Lebensweise, die eher an den *Leptocyon* erinnerte: kleine Beutetiere, individuelle Pirsch und vielseitige Kost. Im Laufe der Zeit wurde der Fuchs deutlich größer als seine Vorfahren und entwickelte sich zu einem flexiblen Allesfresser mit einer Vorliebe für Mäuse.

Heute teilt die Wissenschaft die Hundefamilie (*Canidae*) in die beiden Hauptzweige Fuchs und Wolf. Die Familie des Fuchses (lateinisch *Vulpini*) umfasst rund sechzehn noch existierende, verhältnismäßig kleinwüchsige Arten. Zu den größten unter ihnen zählt der Rotfuchs, der auch am zahlreichsten ist und die größte Verbreitung hat. Hier in Skandinavien haben wir noch einen weiteren Fuchs, den Eisfuchs, der in der Arktis auch Schneefuchs genannt wird. Der wölfische Zweig der Familie, die *Canini*, umfasst heute weltweit rund zweiundzwanzig größere und kleinere Arten. Durch seine Partnerschaft mit dem Menschen hat der Hund sich als Nachfahre des Wolfs in einer Weise verbreitet, die jede andere Raubsäugetierart übertrifft. Es dürfte rund eine Milliarde Hunde auf der Erde geben. Die meisten von ihnen sind wild und leben auf der Straße, auf Mülldeponien oder anderen Orten in der Nähe von Menschen.

Der Rotfuchs wird häufig einfach nur als Fuchs bezeichnet. Der lateinische Name *Vulpes vulpes* bedeutet schlicht »Fuchs

Fuchs«. Der eigentliche Fuchs. Er entwickelte sich zu einer eigenständigen Gattung, nachdem die Hundeartigen vor einigen Millionen Jahren den Weg aus Nordamerika in andere Erdteile fanden. Der Rotfuchs könnte sich im Nahen Osten entwickelt haben, jedenfalls verbreitete er sich über große Teile Asiens, Europas und Nordafrikas, eroberte mit der Zeit Nordamerika, den Kontinent seiner Vorfahren, und wurde von Menschen nach Australien gebracht. Er hat sich beinahe sämtliche Lebensräume zu eigen gemacht: von Bergregionen oberhalb der Baumgrenze bis zur Küste, von Großstädten bis zur Wildnis, von der Wüste in Saudi-Arabien bis hin zur arktischen Tundra-Landschaft. Aussehen und Größe variieren je nach Klima. In südlichen Wüstenregionen hat der Rotfuchs ein helles Fell, große Ohren und wiegt weniger als die Hälfte seiner Artgenossen hier in den skandinavischen Ländern, aber auch dort sind es Rotfüchse. Der Rotfuchs kann sich den allermeisten Milieus anpassen und ist ganz einfach ein gewaltiger Erfolg der Evolution. Denn kein anderes Raubsäugetier ist derart verbreitet, sieht man einmal von den zahmen Hunden und Hauskatzen ab.

Obwohl der Fuchs allein jagt, ist er im Vergleich zur Katze ein soziales Tier. Der Fuchs hat Familie. Ein ausgewachsenes Elternpaar kann mehrere Jahre zusammenbleiben, vorausgesetzt, sie leben so lange. Das Paar hält sich überwiegend in einem gemeinsamen Heimatgebiet auf, das sie vor allem im Frühjahr gegen eindringende andere Füchse verteidigen.

Die Fähe und der Fuchs schlafen getrennt. Im Herbst und Winter streifen sie viel allein umher, aber im Frühjahr und Sommer arbeiten sie eng zusammen, um einen Wurf Welpen aufzuziehen. Das Männchen ist für die Nahrung der Mutter und der Jungen zuständig. Es betritt den Bau nicht mehr, sondern legt die Nahrung am Eingang ab, solange die Welpen noch hilflos sind und die Wärme und Milch der Mutter brauchen. Sobald die Welpen den Bau verlassen, werden sie von beiden Eltern mit Futter versorgt. Irgendwann im Spätsommer oder Herbst sind die Jungen groß genug, um allein zurechtzukommen und ihr Glück außerhalb des elterlichen Territoriums zu suchen. Schon in ihrem ersten Lebensjahr können sie geschlechtsreif werden, rechtzeitig zur Paarungszeit im Spätwinter.

Allerdings gibt es Ausnahmen von der Regel. Ein Seitensprung innerhalb der Paarungszeit kommt beim Rotfuchs durchaus vor, daher haben die Welpen bisweilen einen anderen genetischen Vater als den, der ihnen das Futter beschafft. Doch auch Fuchsfamilien, die sich im Alltag ein Territorium teilen, können erweitert werden. Nicht selten bleiben weibliche Nachkommen bei den Eltern und helfen, die kleinen Geschwister zu versorgen oder auf sie aufzupassen. Manchmal werden auch männliche oder nicht verwandte Tiere in die Familiengruppe aufgenommen. Nachwuchs hat in der Regel jedoch nur die dominierende Fähe, und sie verhindert auch aktiv, dass jüngere Fähen aus dem Familienverband sich vermehren. Doch im Leben eines Fuchses sind die Regeln selten in Stein gemeißelt. Es kommt vor, dass zwei oder mehrere Fähen sich innerhalb desselben Territoriums in einen Bau zurückziehen und Welpen gebären. Manchmal bringen sie die Würfe zusammen und sorgen gemeinsam für die Welpen. Neben der »Vielweiberei« kommt es innerhalb der Familien auch zur »Vielmännerei« und einem ausgesprochen promisken Gruppenleben. Vereinfacht gesagt werden die Gruppen größer und das Zusammenleben komplizierter, je bequemer der Zugang zu Futter ist, da dies automatisch dazu führt, dass junge Füchse im Familienverband bleiben.

Dass sich Väter an der Aufzucht der Welpen aktiv beteiligen und für die Jungen Nahrung beschaffen, ist ungewöhnlich. Aber fürsorgliche Väter und flexible Familiengruppen, bei denen noch weitere Mitglieder helfen, sich um die Welpen zu kümmern, sind typisch für die Hundeartigen. Ein solches Verhalten wird oft als einer der Gründe für den Erfolg der Hundeartigen angeführt. Tatsächlich kommen Familiengruppen mit einem kooperierenden Elternpaar im Kern bei allen Hundeartigen vor, abgesehen von der Art, die wir am besten kennen, den domestizierten Hunden. Bei Hunden haben die Rüden im Allgemeinen die starken Fürsorge- und Versorgerinstinkte verloren, die man zum Beispiel bei Wolfsrüden erlebt. Unter Menschen ist Futter offenbar so leicht zugänglich, dass die Hündin ihre Welpen allein aufziehen kann – auch wenn die Hunde wild und selbstständig leben. Der Hund weicht insofern auch von allen anderen Hundeartigen ab, da er sich mehr als einmal pro Jahr vermehren kann, ohne auf eine bestimmte Paarungszeit festgelegt zu sein. Dennoch haben sich unsere Hunde gewisse Eigenschaften der gemeinsamen Familienordnung der Hundeartigen bewahrt. Als Topsy zum ersten Mal läufig war, wurden wir vor einer sogenannten eingebildeten Schwangerschaft gewarnt. Da wüten Hormone, als würde die Hündin tatsächlich Welpen großziehen wollen, die Zitzen wachsen, und das Tier zeigt eine auffällige Fürsorge für Spielzeug oder andere Dinge, die es an einen Welpen erinnern. Die eingebildete Trächtigkeit einer Haushündin ist in jedem Fall ein Erbe des ursprünglichen Familienmusters, dem auch der Fuchs unterliegt. Vermutlich bereitet die körperliche Reaktion welpenlose Weibchen bei vielen Arten der Hundeartigen auf die Rolle als Reservemütter für die Welpen anderer Weibchen vor.

Die Schlussfolgerung lautet, dass es sich beim Fuchs um eine widersprüchliche Natur handelt. Er ist ein katzenartiger Hundeartiger. Ein familiärer Einzelgänger, der seine Jungen gemeinsam mit anderen aufzieht, aber allein jagt und frisst. Ein schleichender Mäusejäger, der für Luftsprünge gebaut ist, und ein anpassungsfähiger Allesfresser, der nicht nur, wenn es um Futter geht, sämtliche Möglichkeiten ergreift, die sich ihm bieten.

»Auch die Füchse schlafen schon«

Als unsere Söhne klein waren, sangen wir ihnen ein Schlaflied vor, eine kleine Melodie mit wenig Text, der nicht ganz der Wahrheit entsprach. Abends würden sich alle Mäuse hinlegen und schlafen, heißt es da, und ja, »auch die Füchse schlafen schon«. Angeblich schläft der Fuchs mit dem Kopf auf dem Schwanz. In dem Singspiel *Klettermaus und die anderen Tiere im Hackebackewald*, aus dem das Lied stammt, erzählt der unbekümmerte Held Klaus Klettermaus, seine Mutter hätte ihm dieses Lied immer vorgesungen, als er klein war und schlafen sollte. Und er selbst singt es für Michel Fuchs, vor dem er auf einen Baum geflüchtet ist. So überlistet Klaus Klettermaus den Fuchs und kann entkommen. Ich persönlich werde immer noch schläfrig, wenn ich nur an das Lied denke.

Das Problem mit dem wirklichen Fuchs ist, dass er keineswegs gleichzeitig mit uns Menschen schläft. Das konnte ich am eigenen Leib erfahren, als ich an einem kühlen Julimorgen um Viertel nach vier im Zwielicht mit dem Fahrrad von zu Hause losfuhr. Ich hatte Rückenschmerzen und Muskelkater, in der

Nachbarschaft war noch niemand wach, und auf der Straße war ich auch allein, abgesehen von einem erleuchteten Bus mit leeren Sitzen. An einem Feld hörte ich ein trockenes Bellen, das von einem Fuchs hätte stammen können. Möglicherweise. Ich hatte keine Zeit, um anzuhalten und dem nachzugehen, denn ich hatte mir längst einen bestimmten Platz ausgesucht, auf einem Terrain, das aus einem Flickenteppich von Wald und bestellten Feldern bestand – ein Ort, von dem ich hoffte, dass sich dort ein Fuchs zeigen würde. Und ich wollte im Morgengrauen auf dem Posten sein. Denn der Fuchs ist kein reines Nachttier. Obwohl er die Dämmerung, das Morgengrauen und die dunklen Stunden der Nacht bevorzugt, jagt er auch, wenn es hell ist. In Gebieten, in denen er Gefahr läuft, auf Menschen zu treffen, nützt er zur Jagd gern die frühen Sommermorgenstunden, wenn die Sonne bereits aufgegangen ist, lange bevor die Menschen aufstehen.

Kurz vor dem Ziel, ich war inzwischen zu Fuß unterwegs, kam mir auf dem Weg durch ein dunkles Waldstück ein Dachs entgegen. Er hatte seine Nachtschicht offenbar beendet und wollte zurück in seinen Bau. Jedenfalls watschelte er nach Art der Dachse, die Schnauze am Waldboden, und bemerkte mich erst, als er zwei, drei Meter von mir entfernt war. Er hob den schwarzweiß gestreiften Kopf, sperrte die kleinen Augen auf und rannte zurück. Weit lief er allerdings nicht. Bevor er außer Sichtweite war, drehte sich der Dachs um und kam zurück, nur um festzustellen, dass ich noch immer an derselben Stelle stand. Erneut lief er in den Wald, kam zurück und lief wieder davon, als wäre er überrascht, dass ihm schon wieder jemand den Weg versperrte. Als der Dachs sich zum vierten Mal näherte, blieb er stehen und sah mich an. Dann sprang er auf und rannte, so schnell er konnte, an mir vorbei. Vielleicht lief der Dachs immer genau auf dieser Route nach Hause, jeden

Morgen, und möglicherweise hatte die Macht der Gewohnheit ihn seine Furcht überwinden lassen. Vielleicht war er nur müde oder ertrug den Gedanken an eine Abweichung von seiner Routine nicht. So war jedenfalls mein Eindruck von diesem Dachs, ich hielt ihn für kurzsichtig, unbedacht und stur.

Als ich auf den Dachs traf, hatte ich den Waldweg gerade verlassen wollen, um zu dem von mir ausgewählten Platz am Waldrand zu gehen. Noch immer schläfrig, breitete ich die Sitzunterlage aus moosgrünem Schaumstoff aus, schraubte den Deckel der Thermoskanne auf, goss mir eine Tasse Kaffee ein, setzte mich und wartete. Bachstelzen trippelten umher und flogen auf. Ein Reh lief vorbei, kurz darauf folgte ein schnuppernder Bock. Die Sonne ging auf. Erst trafen die Strahlen die Baumwipfel im Westen, dann erreichten sie die Wiese, während die Eichen meinen Sitzplatz noch immer verschatteten. Mir war es recht. Der Schatten verbarg mich ein wenig. Wenn ich das Fernglas oder den Kaffeebecher hob, versuchte ich es mit langsamen, gleichmäßigen Bewegungen zu tun, um nicht zu viel Aufmerksamkeit zu erregen. Der Schrei eines Mäusebussards erklang aus dem Wald quer über die Wiese. Dann hörte ich einen weiteren Schrei aus einer anderen Ecke. Als die Vögel auftauchten, stellte sich heraus, dass es gar keine Mäusebussarde waren, sondern Eichelhäher, die deren Schrei nachahmten. Einer setzte sich auf die Eiche hinter mir. Zuerst schrie er noch einmal wie ein Mäusebussard, kiää, kiää, kiää, dann ertönte eine Art Jammern, das so menschlich klang, dass ich lächeln musste. Darauf folgten ein paar dieser heiseren Schreie, die man von diesen Vögeln kennt. Ich kauerte mich zusammen und hoffte, dass der Fuchs diese Szenerie nicht vom Waldrand auf der anderen Seite der Wiese verfolgte. Als ich mich schließlich umdrehte, um mir den Eichelhäher anzusehen, flog er davon.

Um Viertel vor sechs sah ich den ersten Fuchs. Ein kurzer farbiger Blitz auf einem der unbestellten Buckel auf dem Acker, der mich veranlasste, das Fernglas zu heben, und da lag er, kupferrot in der Morgensonne, mit kreideweißer Brust. Der Fuchs kratzte sich mit der Hinterpfote an der Schulter, genau wie Topsy. Er sah klein und zart aus. Vielleicht war es einer der Welpen dieses Jahres. Als ein Reh direkt hinter ihm aus dem Wald trat, reagierte der Fuchs kaum, er drehte nur den Kopf, als hätte er irgendetwas gehört. Nach einer Weile erhob er sich und verschwand im hohen Gras auf dem unbestellten Ackerbuckel. Einige Minuten später sah ich ihn auf der gemähten Wiese wieder. Er sah aus, als würde er auf Beute lauern, bevor er im Wald verschwand.

Eine lärmende Grünspechtfamilie flog über die Wiese und schoss über meinen Kopf hinweg in den Wald. Eine kleine Schar Stare übte sich im Formationsflug. Eine halbe Stunde, nachdem ich den ersten Fuchs gesehen hatte, kam ein zweiter. Dieser schien größer und dunkler zu sein als der erste, und er trug irgendetwas Großes in der Schnauze. Einen Vogel. Ich glaube, es war eine braungesprenkelte Stockente, eine ausgewachsene Ente oder einer der Jungvögel des Jahres. Der Fuchs sah aus, als würde er sich mit seiner Beute abmühen. Er blieb auf dem Weg zum Waldrand mehrfach stehen, bis auch er im Wald verschwunden war. Ich saß da und war selig. Endlich hatte ich die Füchse gefunden. In der Hoffnung, mehr zu sehen, suchte ich meinen Sitzplatz am Waldrand auch in den folgenden Tagen auf. Ich kam so früh wie nur möglich.

Schabracke

Im Laufe des Sommers beobachtete ich den dunklen Fuchs, den ich bei der ersten Begegnung mit einer Ente in der Schnauze gesehen hatte, sehr oft. Es handelte sich um eine Fähe. Ihr Kopf war, wie oft bei Fähen, verhältnismäßig schmal, und auf den Fotos, die ich nach und nach von ihr machte, war nichts zu sehen von dem hellen Fell hinten im Schritt, das Fuchsrüden kennzeichnet. Außerdem hockte sie sich hin, wenn sie urinierte, statt das Hinterbein zu heben. Ich gab ihr den Namen Schabracke, denn über die rotbraunen Seiten des Körpers zog sich ein schwarzes Feld, das wie die Satteldecke eines Pferdes aussah; das Muster erinnerte mich an eine afrikanische Wildhundart, die Schabrackenschakal heißt oder auf Englisch *black-back jackal*. Eigentlich glaube ich nicht, dass Schabracke an Fuchsräude litt, einer verunstaltenden und häufig tödlichen Krankheit, die unter anderem Füchse befällt, denn sie wirkte durchaus gesund und energisch, außerdem fehlten die vollkommen haarlosen Partien, die ein sicheres Kennzeichen für die Fuchsräude sind. Allerdings war der Schwanz sehr dünn. Eine logische Erklärung dafür könnte sein, dass Schabracke Mutter eines wilden Wurfs Welpen war und ihr Sommerpelz nach den Strapazen des Frühjahrs und Frühsommers gelitten hatte.

Bereits am zweiten Tag, an dem ich am Waldrand saß, sah ich Schabracke mit einem kleineren, feuerroten Fuchs; ich vermutete, dass es sich um einen ihrer Welpen handelte. Vielleicht war es der junge Fuchs, den ich bereits am Vortag gesehen hatte. Sie lagen beieinander und ruhten sich aus. Ein paar Mal steckten sie die Köpfe zusammen, sodass die Schnauzen sich berührten. Dann stellten sie sich auf die Hinterbeine und begannen einen Ringkampf, bei dem der kleine Fuchs den großen umwerfen durfte. Kurz darauf verschwanden sie aus meinem Blickfeld. In den folgenden Tagen sah ich die Füchse nur einzeln, obwohl ich hin und wieder zwei Köpfe oder zwei Paar Ohren, die aus dem hohen Gras ragten, erkennen konnte. Bisweilen hörte ich ein Schnauben und Jaulen, bei dem es sich um die Geräusche von kämpfenden Welpen gehandelt haben könnte. Außerdem zeigte sich ein ausgewachsener Fuchsrüde, den ich Schokoeis nannte, weil er einen leicht schokoladenbraunen Farbton hatte. Ich ging davon aus, dass er Schabrackes Partner war, obwohl ich die beiden Tiere nie zusammen sah. Vermutlich verfolgte ich eine Fuchsfamilie mit großen Welpen, die den Bau verlassen und sich auf dem unbestellten Buckel des Feldes ein Basislager errichtet hatten, in das die Eltern Futter brachten, während die Jungen lernten, ihr eigene Beute zu jagen.

Schabracke – sie sah ich am häufigsten – erwies sich als tüchtige Jägerin. Sorgfältig durchkämmte sie die Gegend, vor allem die unbestellten Feldbuckel und die Ufer des Baches, der die Wiese nur einen Steinwurf unterhalb meines Sitzplatzes durchquerte. Und sie fand regelmäßig etwas Fressbares. Ich sah sie nicht noch einmal mit einem Vogel im Maul, aber mehrfach hörte ich aufgeschreckte Stockenten im Teich und vermutete,

3 *Der helle Pelz zwischen den Hinterbeinen zeigt an, dass es sich um einen Fuchsrüden handelt. Das Foto wurde im Mai von einer Wildkamera in Nesodden aufgenommen*

dass die Enten sich – aus Erfahrung klug geworden – gegenseitig vor dem Fuchs warnten. Auch kleine Vögel schlugen regelmäßig Alarm. Hin und wieder war ihrem Krächzen und Piepen anzuhören, dass Gefahr drohte, und hin und wieder bestätigte sich mein Verdacht, wenn die Fähe aus genau der Richtung auftauchte, aus der die Warnrufe der Vögel gekommen waren. Im Übrigen gab es keine Regelmäßigkeit, wann und wo die Füchsin sich zeigte, mal sah ich sie als dunklen Fleck in der Ferne auftauchen, dann war sie wieder so nah, dass ich den Atem anhielt, um nicht entdeckt zu werden. Bei Nordwind mied ich den Sitzplatz, damit mein Geruch mich nicht verraten konnte. Doch abgesehen von dem einen Mal, als die Füchsin, aufgeschreckt durch das Klicken meiner Kamera, hartnäckig in meine Richtung starrte, glaube ich nicht, dass die Füchse auf der Wiese meine Anwesenheit bemerkten. Wenn man stillsitzt, ist man am Waldrand nur schwer zu erkennen.

Als ich in einer mondlosen Morgenstunde den Feldweg zum Wald entlanggging, entdeckte ich Schabracke als eine dunkle Silhouette im nächtlichen Nebel, geduckt kroch sie auf einige Gebäude eines Hofes zu, die in der Nähe der Wiese standen. Sie setzte sich hin und blickte mich an. Als ich stehen blieb und nach meinem Fernglas griff, stand sie auf und schlich zwischen die Bäume. Offenbar hatte ich sie aber nicht weiter aus der Ruhe gebracht, denn kaum hatte ich mich auf meinen gewohnten Platz gesetzt, erschien sie wieder. Ihre Aufmerksamkeit galt einem der Feldbuckel. Mit angespanntem Körper blieb sie stehen. Dann machte sie einen hohen Satz und verschwand im tiefen Gras. Als sie rückwärts wieder herauskam, mit dem Schwanz zuerst, hatte sie etwas in der Schnauze, das so groß wie eine Maus war. Sie ließ die Feldmaus, wie ich annahm, ins kurzgemähte Gras fallen und fing an, nach ihr zu suchen, packte die Maus, nahm sie hoch und ließ sie wieder fallen. Mehrfach

4 Die Fähe Schabracke, Nesodden im Juli

5 Der Fuchsrüde Schokoeis, Nesodden im August

hüpfte die Füchsin dabei in die Luft, sodass sie einmal sogar direkt auf ihrer Beute landete. Zweifellos spielte sie mit dem kleinen Nager, so wie es eine Katze tun würde. Nach einer Weile hatte die Feldmaus offensichtlich ihre Fluchtversuche aufgegeben, entweder war sie benommen oder einfach nur gelähmt vor Furcht. Vielleicht hatte ihr kleines Herz aber auch bereits aufgehört zu schlagen, denn Schabracke warf den Kopf zurück, und der Mäusekörper flog in einem hohen Bogen durch die Luft, dann fiel er ein paar Meter von ihr entfernt ins Gras. Schabracke lief hinterher, um sich die Maus noch einmal zu holen. Ich habe mitgezählt, insgesamt zehn Mal hat sie ihre Beute durch die Luft geschleudert, bevor sie sich endlich niederlegte und die Maus – so sah es aus – in einem Stück herunterschluckte. Auch diese Art von Spiel hatte ich schon einmal gesehen. Topsy liebt es, Kirschen, die sie unter einem Kirschbaum findet, in die Luft zu werfen und sie wieder aufzufangen, und wenn sie sich in der Wohnung langweilt, macht sie das Gleiche mit einem Stück Trockenfutter aus ihrem Fressnapf. Mich überraschte, dass die Fähe überhaupt die Zeit und die Kraft für solche Mätzchen hatte, ich dachte, dass dieser Luxus den Welpen vorbehalten war, die noch immer von den Eltern gefüttert wurden. Vielleicht stand Schabracke in dieser Zeit der Sinn nach Spielen, weil sie den jungen Füchsen gerade das Jagen beibrachte. Allerdings waren an diesem Morgen keine Welpen zu sehen, also ging ich davon aus, dass sie ganz einfach genügend Energie hatte, sich zum Spaß zu amüsieren – ungefähr so wie ich, der ich nichts Besseres zu tun hatte, als am Waldrand zu sitzen, der Füchsin zuzusehen und über ihr Verhalten zu spekulieren.

Es fällt nicht schwer, sich die Freude der Füchsin vorzustellen, die, nach der nächtlichen Jagd satt, jetzt mit ihrer Beute einfach nur spielte, während die Morgensonne langsam wärmer wurde.

Schabracke stand da und starrte noch einmal ins hohe Gras. Schließlich setzte sie erneut zu dem charakteristischen Mäusesprung der Füchse an und sprang mit gestreckten Pfoten hoch in die Luft, aber diesmal kam sie ohne Maus wieder aus dem Gras heraus. Ein leichtes Zittern ging durch ihren Körper, sie sah ein wenig verlegen aus, vielleicht wollte sie sich auch nur unbeeindruckt geben, falls jemand zusah. Ein ähnliches Verhalten habe ich bei Hunden, Katzen und wilden Raubvögeln beobachtet – und wenn man so will, auch bei Menschen nach einem missglückten Manöver. Viele Tierarten haben eine gewisse Würde, die es zu verteidigen gilt. Ohne den Respekt anderer leben sie besonders gefährlich.

Zwischen zwei Feldbuckeln setzte sich Schabracke auf den Boden, den Kopf in meine Richtung gedreht. Auch diesmal schien sie mich nicht zu sehen, und ich blieb mäuschenstill sitzen. Kurz darauf zog die Füchsin eine Beute auf die offene Wiese. Was ihr da aus der Schnauze hing, war lang und schlapp, vielleicht war es ein Frosch. Jedenfalls handelte es sich bei diesem Opfer um einen kalten Körper, der nie Liebe erfahren hatte, denn im Leben eines Froschs gibt es weder dauerhafte Paarbeziehungen noch Fürsorge für die Nachkommenschaft. Es ist weitaus schwieriger, sich in die Lebenswelt der Amphibien hineinzuversetzen als in die der Säugetiere. Die beiden Entwicklungsgeschichten trennt ein tiefer Abgrund an Zeit, mehr als dreihundert Millionen Jahre, außerdem sind die Lebenswelten sehr unterschiedlich. Schabracke schluckte ihre Beute ganz einfach herunter.

Die Füchsin verschwand, und ich hörte die Geräusche des Sommermorgens jetzt deutlicher. Irgendwo im Wald röhrte ein dominanter Rehbock. Überall gurrten Ringeltauben, und eine Weile hörte man auch eine selten gewordene Waldtaube. Flugzeuge und Autos dröhnten, wenn man darauf achtete.

6 Ein Rotfuchs im Winterpelz zeigt bei der Mäusejagd den charakteristischen Sprung. Nordamerika

Als ich um sieben Uhr zusammenpacken wollte, entdeckte ich Schabracke noch einmal, diesmal hatte sie eine größere Beute erwischt. Das Tier hing ihr braun und leblos aus der Schnauze. Eine große Wühlmaus vermutlich, also eine größere Verwandte der Feldmaus. Schabracke spielte jetzt nicht. Sie zeigte mir ihr Hinterteil und arbeitete an ihrer Beute, entweder fraß sie die Wühlmaus gleich auf oder vergrub sie. Denn das tun Füchse, wenn der Magen voll ist.

Mäuse

Füchse sind Allesfresser und begnügen sich mit dem, was sie finden. Dies ist einer der Gründe für ihre große Zahl und ihre weite Verbreitung. Ein anderer Grund für ihr Gedeihen ist ihr Talent, ausgerechnet Nagetiere zu fangen, die zu den am meisten verbreiteten Säugetieren gehören. Rund zweitausendfünfhundert Arten von Nagern sind weltweit bekannt. Das ist mehr als ein Drittel aller Säugetierarten.

Nagetiere sind eine ausgesprochen variantenreiche Gruppe, zu der Eichhörnchen ebenso gehören wie Biber. Die meisten Nager kommen allerdings bei den unterschiedlichen Arten von Ratten oder Mäusen vor. Die Biologie teilt diese Tiere in zwei verschiedene Gruppen ein: in die Mäuse- und in die Hamsterfamilie. Zur Mäusefamilie gehören sämtliche Arten, die bisweilen auch in unseren Häusern vorkommen, also die Hausmaus, die Wanderratte (die in wissenschaftlichen Kreisen tatsächlich unter dem lateinischen Namen *Rattus norvegicus* geführt wird) sowie die Gelbhalsmaus und die Waldmaus. Weiße Mäuse und Ratten, die als Haustiere oder Versuchstiere in Laboren gehalten werden, sind ebenfalls Teil der Mäusefamilie, es sind Varianten von Hausmaus und Wanderratte. Wenn sich die Gelegenheit ergibt, frisst der Fuchs auch all diese Mäuse und Ratten, doch seine eigentliche, typische Beute sind Mitglieder der Hamsterfamilie, zu denen die Feldmaus, die Klettermaus, die Wühlmaus und der Berglemming gehören. Es sind sogenannte Kurzschwanzmäuse, da sie tatsächlich deutlich kürzere Schwänze als die Mitglieder der Mäusefamilie haben.

Nagetiere der Mäuse- und Hamsterfamilien sind umringt von Feinden, von Katzen, Füchsen, Schlangen, Mäusebussarden, Turmfalken und Eulen. Daher sind Mäuse ausgesprochen wachsam. Beim geringsten Anzeichen von Gefahr laufen sie davon und suchen Deckung in einem Erdloch, einer Spalte oder irgendeinem Ort, wo der Feind sie nicht erreichen kann. Die Feldmaus und die Wühlmaus, die in einer offenen Landschaft leben, verstecken sich häufig in Gängen und Höhlen, die sie selbst gegraben haben. Mit dem Terrain vertraut zu sein, ist für sie lebenswichtig. Nagetiere müssen jederzeit den Weg zum nächstgelegenen Versteck kennen, und möglicherweise ist das der Grund, warum Ratten und Mäuse bei Laborversuchen so gut abschneiden, wenn sie den Weg durch ein Labyrinth lernen sollen.

Für einen Mäusefresser geht es andererseits darum, sich unbemerkt anzuschleichen, damit die Beute sich nicht in Sicherheit bringen kann.

Wie der Fuchs jagt, frisst und sein Futter aufbewahrt, wird eingehend in einem kleinen Buch des kanadischen Biologen J. David Henry beschrieben, das den Titel *Red Fox – the Catlike Canine* trägt, also *Rotfuchs – Das katzenartige Hundetier*. Henry verbrachte Monate und Jahre damit, Rotfüchse im Prince Albert National Park in Kanada zu beobachten. Die Landschaft dort erinnert mit Wald, Mooren und Seen an die norwegische Wildnis. Die Füchse im Nationalpark werden seit einem halben Jahrhundert nicht mehr gejagt oder gefangen, sie haben keine große Angst vor Menschen. Henry gelang es mit viel Geduld, die Füchse so weit an sich zu gewöhnen, dass er sie auf ihren täglichen Jagdrunden begleiten durfte.

Die Füchse folgten gern Pfaden, Wildwechseln und Straßenrändern. Henry meint, sie können sich auf solchen vorgegebenen Routen leiser bewegen, weil es dort weniger Zweige und Blätter auf dem Boden gibt, die Lärm verursachen, wenn ein Fuchs darauf tritt. Nimmt ein Fuchs eine mögliche Beute wahr, eine Maus oder ein Streifenhörnchen (eine am Boden lebende amerikanische Art, die auf Englisch *chipmunk* heißt), bleibt er stehen, schnüffelt und reckt den Hals und schaut aufmerksam um sich. Ein Fuchs, der in dieser Weise den Kopf hebt, ist fast immer auf der Jagd, schreibt Henry. Vielleicht schnuppert der Fuchs ein bisschen, vielleicht dreht er den Kopf erst zur einen, dann zur anderen Seite, um genau festzustellen, woher das Geräusch kommt. Dann senkt er den Kopf und schleicht langsam und vorsichtig auf die Stelle zu. Ähnlich wie Katzen hat der Fuchs Schnurrhaare – sogenannte Tasthaare – auch an den Beinen. Ist der Fuchs nah genug an sein Opfer herangekommen, hebt er den Kopf wieder in Jagdposition. Sobald der Fang lokalisiert ist, krümmt er sich zusammen, springt auf die Beute zu und versucht, sie am Boden festzuhalten.

Ganz anders geht der Fuchs vor, wenn er Vögel oder im Baum kletternde Eichhörnchen jagt. Es sind Tiere, die in die Höhe flüchten, wenn sie einen Fuchs entdecken, und die vor möglichen Gefahren weniger über ihr Gehör gewarnt werden als vielmehr mit Hilfe ihres Sehvermögens. Bei der Jagd auf diese Tiere muss der Fuchs sich ebenfalls lautlos anschleichen, den Körper dabei aber so tief wie irgend möglich am Boden halten, um nicht entdeckt zu werden. Schließlich kommt es zu einem Schlussspurt und einem Satz nach vorn, um die Beute mit den Zähnen zu fangen. Diese Art Angriff misslingt am häufigsten. Eine ähnliche Strategie verfolgt der Fuchs bei Hasen und Kaninchen. Er schleicht sich mit geducktem Körper an, doch es kommt dabei häufig zu einer wilden Verfolgungsjagd, wenn das potentielle Opfer die Gefahr erkennt.

Wenn sich die Gelegenheit ergibt, frisst ein Fuchs auch Insekten. Allerdings sind weder der Aufwand noch das Ergebnis spektakulär, denn Insekten sind kaum sättigend, doch dem Fuchs gelingt es in der Regel, seine Beute zu fangen, weil Grashüpfer und ähnliche Insekten bei ihren Fluchtversuchen nicht sonderlich fintenreich vorgehen.

Der Fuchs frisst seine Beute, sowie er sie gefangen hat, beobachtete Henry, und er frisst, bis er satt ist. Wenn er sich nicht gerade mit Insekten begnügen muss, ist etwa ein halbes Kilo Fleisch in der Regel ausreichend. Das entspricht ungefähr zehn ausgewachsenen Mäusen. Ist der Hunger gestillt, fängt der Fuchs an, zur Vorsorge Vorräte zu vergraben. Diese Lager werden gern von anderen Tieren, darunter Krähen, geplündert, daher müssen die Vorräte gut versteckt werden. Jeder Happen wird einzeln vergraben, die Verstecke werden über ein großes Terrain verteilt. Zunächst gräbt der Fuchs ein kleines Loch, vielleicht zehn Zentimeter tief, und legt das Futter hinein. Dann schiebt er die Erde zurück und stopft sie mit der Schnauze in das Loch. Schließlich tarnt er das Futterlager, indem er Blätter oder Abfälle darüber drapiert, sodass das Lager nicht gleich entdeckt werden kann. Im Winter beobachtete Henry einen Fuchs, der den wertvollen hinteren Teil eines Hasen vergrub. Der Fuchs glättete nicht nur die oberste Lage Schnee sorgfältig mit der Schnauze, um jegliche Hinweise auf seine Aktivität zu verwischen, er verwischte im Schnee auch jeden einzelnen

Pfotenabdruck, als er sich rückwärts von dem geheimen Lager entfernte.

Ich beobachtete die Füchse aus einem größeren Abstand als Henry und sporadischer als er bei seinem monatelangen Aufenthalt in der Wildnis. Trotzdem war auch für mich der Fuchs der Grund, warum ich hinaus in die Natur und die Landschaft zog. Während ich nach dem hübschen Raubtier mit dem roten Fell und der weißen Schwanzspitze Ausschau hielt, interessierten mich plötzlich auch die kleinen, scheuen Säugetiere, die am Boden lebten. Das allerkleinste, die Spitzmaus, raschelte hektisch im Gras und im welken Laub um mich herum, während ich still dasaß und wartete. Ihr Fiepen war so hell, dass mein Gehör es kaum noch registrieren konnte. Spitzmäuse gehören nicht zu den Nagetieren, und wenn man sie aus der Nähe betrachtet, unterscheidet sich ihr Aussehen erheblich von eigentlichen Mäusen. Und sie sind ungenießbar. Das weiß ich, nachdem ich einmal beobachtet habe, wie eine Katze die von ihr getötete Spitzmaus nach einem kurzen Schnuppern einfach liegen ließ, statt sie zu verzehren. Trotz des unangenehmen Geschmacks frisst der Fuchs die Spitzmaus hin und wieder. Vermutlich hängt es davon ab, wie hungrig er ist.

Als ich einmal nach Füchsen Ausschau hielt, tauchte eine Feldmaus im Gras auf und sah mich mit kugelrunden schwarzen Augen an. Als sie sich umdrehte, bemerkte ich ihren auffallend kurzen Schwanz. Ich suchte die Wiese und den Waldrand ab und fand Mäuselöcher und Gänge, die Feldmäuse gegraben hatten, außerdem fand ich Bauöffnungen der größeren Wühlmaus, die ungefähr den Durchmesser eines Tennisballs haben. Irgendwann habe ich auch eine Wildkamera bei den Wasserlöchern eines Drainagegrabens installiert und bekam so die Wühlmaus zu Gesicht: Sie erinnert ein wenig an eine stattliche

Feldmaus oder an einen Biber en miniature. Die Wühlmaus grub und grub. Sie saß auf der Erdplattform vor ihrem Loch und nagte an Gras und anderen Pflanzen, und als ein Regenguss den Boden des Grabens überschwemmte, hatte sie kein Problem, sich durch Schwimmen zu retten. Auf den Nahaufnahmen der Wildkamera sah ich tatsächlich auch zum ersten Mal eine Klettermaus. Sie schätzt den Wald und macht ihrem Namen alle Ehre, da sie häufig auf Bäume klettert. Die Klettermaus auf den Aufnahmen der Wildkamera sah nicht aus wie Thorbjørn Egners Fantasiefigur Klaus Klettermaus, verriet ihre Artenzugehörigkeit aber durch ihr rötliches Fell oben am Rücken und durch ihren kurzen Schwanz, der allerdings länger ist als der Schwanz der Feldmaus.

Es entgeht einem viel, wenn man den Blick nicht hin und wieder auf den Boden richtet. Hätte ich nicht dieses Interesse für den Fuchs entwickelt, hätte ich diese kleinen Tierarten auch weiterhin übersehen. Sie fressen und werden gefressen, sie schlafen, wohnen, werben umeinander, ziehen Junge auf, spielen, rivalisieren und kämpfen, und so klein diese Mäuse auch sind, es gibt so viele von ihnen, dass sie als Beutetiere auch für große Tiere von Bedeutung sind. Und obendrein sind sie, um es mit Michel aus dem Hackebackewald zu sagen, etwas für einen ganzen Fuchs.

7 Ungefähr so wie dieser Rotfuchs hat auch Schabracke mit ihrer erbeuteten Maus gespielt

8 Rotfuchs mit einem Schneehuhn und einem Nagetier im Maul, vermutlich auf dem Weg zum Bau. Trøndelag im Juni

Warum Rehe den Fuchs fürchten

Das Bellen, das über die Wiese gellte, hörte sich beinahe so an, als würde jemand rülpsen. Das Geräusch kam von einem Reh, das in Richtung Waldrand rannte, die hohen Sprünge und das Warngebell machten klar, dass es sich in Gefahr wähnte. Kurz darauf kam Schabracke aus derselben Richtung. Ganz offensichtlich hatte sie den Alarm ausgelöst. Als das Reh zwischen den Bäumen verschwand, setzte sich die Füchsin und starrte auf den Wald. Als Nächstes zeigte sich ein Rehbock. Er hatte die Warnung des Rehs wohl gehört. Jedenfalls blieb er stehen, sah hinüber zu Schabracke und urinierte ein wenig, bevor er ruhig, aber bestimmt auf die Fähe zuging, die aufstand und davonlief.

Der Fuchs ist selten eine Bedrohung für ein ausgewachsenes Reh. Allerdings ist er lebensgefährlich für die weißgepunkteten Rehkitze. Als Wissenschaftler neugeborene Rehkälber mit Sendern markierten – in einer Gegend, die eine Autostunde von meiner Wohnung entfernt liegt –, fanden sie heraus, dass im Laufe des Sommers jedes fünfte Kitz von Füchsen gerissen wurde. Die toten Rehkitze schleppten sie häufig zu den Welpen. An einigen Kadavern, die in den Fuchsbauten gefunden wurden, hingen noch die Halsbänder mit den Sendern. Forschungsergebnisse aus anderen Teilen Skandinaviens deuten darauf hin, dass die meisten jungen Rehkälber durch einen Fuchs zu Tode kommen. Solange die Mutter dabei ist, gelingt es dieser in der Regel, einen aufdringlichen Fuchs zu verjagen, allerdings sind die Kälber in den ersten Lebenswochen häufig allein. Sie liegen versteckt auf der Erde und warten darauf, dass die Mutter zurückkommt und sie säugt. Der Fuchs ist ein Meister im Aufspüren von Rehkälbern, und es scheint, dass er gezielt nach Rehen mit einem vollen Euter Ausschau hält.

Die Rehmütter stehen vor einem Dilemma. Die besten Weidegründe sind häufig dort, wo der Fuchs lebt. Im Sommer brauchen die Rehe nährstoffreiches Futter, um Milch für ein, zwei oder sogar drei Kälber zu produzieren – und Rehe sind verwöhnte Pflanzenfresser, die saftige Blätter, Knospen oder Stängel mit viel Zucker und wenig Fasern bevorzugen. Die Wiese, die ich von meinem Stammplatz am Waldrand aus übersehen konnte, war eine Heuwiese, aber den Rehen ging es nicht in erster Linie ums Gras. Sie bevorzugten die blühenden Wiesen am Waldrand, auf den Feldbuckeln und entlang der Entwässerungsgräben oder die alten brachliegenden Wiesen, die höchstens noch als Weide für die Kühe genutzt wurden. Solche abwechslungsreichen Wiesen, auf denen die unterschiedlichsten Pflanzen wachsen, sind die Lieblingsplätze von äsenden Rehen. Das Terrain ist verlockend, aber gefährlich. Denn es ist auch ein Paradies für kleine Nagetiere und damit auch für Füchse. Daher sind Rehkälber, die sich auf einer Wiese in der Nähe der Mutter verstecken, besonders gefährdet, vom Fuchs gerissen zu werden.

Es gab immer wieder Anzeichen, dass Rehe und Füchse sich im Laufe des Sommers auf der Wiese, die ich von meinem Stammplatz aus im Blick hatte, auf die Nerven gingen. Ich habe einen Bock gesehen, der mit gesenktem Geweih auf einen Fuchs losging, der erschrocken das Weite suchte. Ich habe gesehen, wie ein Fuchs hinter einem Reh und seinem Kalb herschlich, allerdings in sicherem Abstand. Einmal sah ich, wie ein Kalb allein die Wiese überquerte und sich in der üppigen Vegetation entlang der Entwässerungskanäle ganz unten in der Talsohle versteckte. Und eine Stunde später, als das Kalb und seine Mutter wieder vereint waren, bemerkte ich, dass beide die Nase in die Luft hoben und schnupperten. Plötzlich tauchte der Fuchsrüde Schokoeis aus dem Graben neben ihnen auf. Er war triefend nass. Der Fuchs musste sich im Schutz der Vegetation am Grabenrand genähert haben, denn er tauchte genau dort auf, wo das Kitz sich gerade noch versteckt hatte. Der Fuchs positionierte sich nun nur drei, vier Meter von den Rehen entfernt. Die Situation war angespannt. Doch weder der Fuchs noch das Reh wagten einen Ausfall.

Im Lebenszyklus der Rehe vollzieht sich vieles in den hellen Sommerwochen: Geburt, Aufzucht, Rivalenkämpfe und Paarung. Solange die Rehe trächtig sind, haben die Böcke genug damit zu tun, ihr Revier abzustecken und zu verteidigen. Ihr Brüllen tönt vom Frühjahr an über Wälder und Wiesen, und am Boden sind dunkle Flecken zu finden, wo die Böcke die Erde aufgekratzt und ihre Duftstoffe hinterlassen haben, um ihr Revier zu markieren. Die Paarung vollzieht sich im Spätsommer, wenn die Kälber noch immer ihren Müttern folgen. Sieht man an einem Sommermorgen, wie die Rehböcke sich aufspielen oder einander über die Wiese jagen, hat man das Gefühl, Zeuge einer Szene vom Anbeginn der Zeit zu sein.

Allerdings war dieses Schauspiel vor noch nicht allzu langer Zeit in Norwegen eher selten zu erleben, denn erst im vergangenen Jahrhundert wurden Rehe zu einem vertrauten Anblick in Norwegen. Mehrere Jahrtausende lang war die Art auf dem größten Teil der skandinavischen Halbinsel weitgehend unbekannt, Rehe kamen allenfalls im südlichen Schweden vor. In Norwegen gab es lediglich einige wenige Knochenfunde in dem südlichsten Küstenstreifen, wo die Art vermutlich irgendwann eingewandert, aber auch wieder ausgestorben ist. Im frühen 19. Jahrhundert lag der skandinavische Rehbestand bei rund einhundert Tieren, die im südlichen Schweden lebten und zum Ausgangspunkt einer Aufsehen erregenden Expansion wurden. Zu Beginn des 20. Jahrhunderts fanden sich die Rehe rund um den Oslofjord, und heute hat sich die Art sogar in der Provinz Finnmark in Nord-Norwegen angesiedelt. Allein in Norwegen werden jährlich rund dreißigtausend Rehe geschossen.

Die Invasion der Rehe im 20. Jahrhundert verlief parallel zu der Bestandsvermehrung unserer übrigen Geweihträger: Elch, Hirsch und Rentier. Der Zuwachs des Hirschwilds liegt zum Teil an einer gezielten Bestandsplanung durch die Forstverwaltungen. Um eine größtmögliche Bestandserweiterung zu erreichen und die Produktion von Wildfleisch zu maximieren, wurden Schonzeiten eingerichtet und die Jagdzeiten beschränkt. Außerdem konnte sich das Hirschwild extrem vermehren, weil die großen Raubtiere – Königsadler, Luchse, Wölfe und Bären – in Skandinavien zum Abschuss freigegeben und so gut wie ausgerottet wurden. In Norwegen wurde diese Ausrottungskampagne durch das »Gesetz über die Ausrottung von Raubtieren und die Befriedung von anderem Wild« unterstützt, das vom Parlament Storting 1845 angenommen wurde – um den Verlust von Weidevieh zu vermeiden und den Bestand von anderem jagdbarem Wild zu erhöhen. Für die Rehe war es am wichtigsten, dass der Luchs aus großen Teilen des Landes vertrieben wurde. Er ist ein effektiver Rehjäger. Luchse reißen das ganze Jahr über sowohl junge als auch ausgewachsene Rehe, und wo es Rehe gibt, sind sie für den Luchs die wichtigste Beute. Nachdem der Luchs und die anderen großen Raubtiere weitgehend verschwunden waren, konnten sich Rehe in den kärglicheren nördlichen Landstrichen ansiedeln.

Im Gegensatz zum Reh existiert der Fuchs hier im Norden nahezu ebenso lange wie der Mensch. Und wie der Mensch hat sich auch der Fuchs vermehrt. In den Jahrzehnten nach dem Zweiten Weltkrieg wurden in Norwegen sehr viel mehr Füchse geschossen als zuvor, und die erhöhten Abschusszahlen in den Jagdstatistiken spiegeln ziemlich genau das Anwachsen der Fuchspopulation wider. Dafür gibt es viele Gründe, der große Bestand an Hirschen und Rehen, die dem Fuchs als Nahrung dienen können, ist einer von ihnen. Allerdings sind Rehkälber nicht die wichtigste Beute des Fuchses. Selbst Füchse, die sich in bestimmten Wochen des Sommers auf das Aufspüren von Rehkitzen spezialisiert haben, sind als Nahrungsquelle nicht unbedingt auf die Kälber angewiesen. Im Sommer gibt es viele unterschiedliche Arten von Futter und Beutetieren. Wichtiger ist, dass das Fleisch von Rehen und anderen Geweihträgern viele Füchse über den Winter rettet, wenn sie praktisch keine Mäuse mehr fangen können. Jeden Herbst werden in Norwegen rund zehntausend Rehe und Hirsche geschossen. Jäger hinterlassen im Wald und auf den Feldern häufig Schlachtabfälle und bieten dem Fuchs so die Möglichkeit, einen Wintervorrat anzulegen. In den Wintermonaten sind die Kadaver von Hirschtieren, die entweder an Hunger, Krankheit, Autounfällen oder aus anderen Gründen gestorben sind, eine wichtige Futterquelle; und liegt der Schnee nicht allzu hoch, gelingt es

9 *Auch Rehe gehören zu den Beutetieren des Fuchses. Vogesen, Frankreich, im August*

dem Fuchs sogar, ausgewachsene Rehe zu reißen. Ich habe die Aufnahmen einer Wildkamera aus einem schneereichen Teil Norwegens gesehen, auf denen ein Reh in einer Winternacht auf einem Waldweg um sein Leben lief, dicht gefolgt von einem Fuchs.

Im Spätsommer

Nachdem die Tage anfingen, spürbar kürzer zu werden, sah ich von meinem Stammplatz am Waldrand auch immer weniger Füchse. Die Welpen waren jetzt groß und durchstreiften ein weiträumigeres Gebiet. Als ich eines Morgens angeradelt kam, entdeckte ich einen einzelnen Fuchs auf der Wiese, und im gleichen Moment bemerkte er mich. Aus der Ferne sah er aus wie ein ausgewachsenes Tier, aber sein unbeholfenes Verhalten verriet, dass es sich um einen der Jungfüchse handelte, die im Frühjahr geboren worden waren. Er kauerte am Boden und versuchte, mich durch das Gras zu beobachten. Nach einer Weile nahm er seine Versuche mit der Mäusejagd wieder auf. Aber ich sah an seinen Sprüngen, dass er kein Glück hatte.

Im Spätsommer ist es höchste Zeit für die Jungfüchse zu lernen, sich ihr eigenes Futter zu beschaffen. Die Eltern reduzieren die Fütterungen, und in einer Übergangszeit sind es häufig Regenwürmer und andere einfach zu reißende Beutetiere, mit denen sich die Jungtiere am Leben erhalten. Im Laufe des Herbstes müssen sie einen großen Entschluss fassen: Sollen sie im Revier der Eltern bleiben oder ihr Glück in der großen, weiten Welt suchen? Bleiben sie zu Hause, müssen sie sich auf ein Leben in einer strengen Rangordnung einstellen. In der Regel haben die jüngeren Mitglieder eine Familiengruppe einen niedrigeren Rang und müssen ständig ihre Demut beweisen, wenn sie nicht Prügel beziehen wollen. Das Verhaltensrepertoire ist uns Hundebesitzern wohlbekannt. Ein unterlegenes Individuum kriecht, senkt den Kopf, legt die Ohren an, wedelt mit dem Schwanz und fiept, manchmal legt es sich auch auf den Rücken. Sind zwei Füchse unterschiedlichen Rangs miteinander vertraut, gibt es keine Probleme. Bei einem Fuchspaar, das sich ein Territorium teilt, ist die Fähe normalerweise dem Rüden unterlegen. Die übrigen ausgewachsenen Mitglieder einer Familiengruppe sind dem dominierenden Rüden und der dominierenden Fähe untergeordnet und haben unter sich ihre eigene Rangordnung festgelegt.

Topsy und ich haben unser eigenes Begrüßungsritual, das dem der Füchse recht ähnlich ist. Ich habe ihr klargemacht, dass sie nicht vor Begeisterung herumspringen soll, sobald sie mich sieht, indem ich ihr einfach jedes Mal den Rücken zukehre, wenn sie damit anfängt. Jetzt presst sie sich stattdessen auf den Boden und wedelt heftig mit dem Schwanz, und wenn ich meine Hand nach ihr ausstrecke, dreht sie sich häufig auf den Rücken, sodass ich sie am Bauch kraulen kann. Dann leckt sie mir auch gern die Hand, obwohl sie weiß, dass ich es nicht zulasse. Sie würde mir auch übers Gesicht lecken, wenn ich sie ließe.

Eine ebenso eindeutige Rangordnung wie zwischen mir und Topsy herrscht, wenn zwei Füchse sich begegnen, aber sobald ein untergeordnetes Mitglied der Familiengruppe die geltende Ordnung herausfordert oder ein sozial Hochstehender ein Mitglied aus der Gruppe vertreiben will, kann es zu sehr harten Kämpfen kommen.

Oft bleiben junge Fähen bei den Eltern, während die Rüden das elterliche Territorium im Laufe des Herbstes in der Regel verlassen. Die Auswanderer suchen nach einem freien Revier und einer Partnerin, aber bei weitem nicht allen gelingt das. Die Sterblichkeit unter Jungfüchsen ist groß. Wenn sie ihren ersten Winter überleben, werden einige, meist die Rüden, außerdem zu ständigen Herumtreibern. Dieses Potential an heimatlosen Tieren und die Fähigkeit des Fuchses zu langen Wanderungen führen dazu, dass Territorien, in denen keine Fuchsfamilie lebt, rasch besetzt werden. Schwedische und norwegische Wissenschaftler, die vor einigen Jahren Rotfüchse mit GPS-Sendern markiert haben, waren überrascht, wie weit sich junge Füchse vom ursprünglichen Revier der Eltern entfernen konnten. Ein junger schwedischer Fuchsrüde, den die Wissenschaftler Stefansson tauften, legte zum Beispiel zweihundertneunzig Kilometer Luftlinie in nur zweiundzwanzig Tagen zurück. Noch imponierender werden die Wanderungen, wenn man sämtliche Abstecher und Rundgänge addiert. Eine junge Fähe namens Gunnel war insgesamt mehr als tausend Kilometer unterwegs. Sie brauchte einhundert Tage für ihre Wanderung, allerdings hatte sie dreimal ihre Reise unterbrochen. Vielleicht probierte sie geeignete Reviere aus – oder einen potentiellen Partner, bevor sie dann doch weiterzog.

Das Streifgebiet von Füchsen, die in einem kargen Gebiet ansässig sind, kann mehrere Dutzend Quadratkilometer groß sein, zum Beispiel in den Bergen und im Norden Norwegens. Da ist es für den Fuchs einigermaßen schwierig, die Grenzen seines Territoriums täglich genau zu kontrollieren, um potentielle Eindringlinge zu vertreiben. In meiner Heimat am Oslofjord ist das Streifgebiet der dort ansässigen Füchse auf einige wenige Quadratkilometer begrenzt, denn je fruchtbarer die Landschaft ist und je mehr sie von Landwirtschaft

10 *Rotfuchswelpe mit erbeuteter Maus. Deutschland im Juni*

und Ansiedlungen geprägt wird, desto größer ist das Aufkommen von Füchsen. In Gegenden, in denen die Reviere klein und ressourcenreich sind, halten sich die Füchse auch genauer an die Einhaltung der Grenzen ihrer jeweiligen Streifgebiete. Die häufig an Straßen und Bächen gezogenen Grenzen können sich aber auch durch ständige Grenzstreitigkeiten und Konflikte verändern. Die Füchse versehen ihre Grenze mit Duftmarken – dazu gehören auch Urin und Kot – und halten dadurch jeden potentiellen Eindringling vom Überschreiten der Grenze ab. In britischen Städten, in denen viele Einwohner Füchse in ihren Gärten füttern, gibt es Reviere, die nicht größer als vierzigtausend Quadratmeter groß sind. Das entspricht einem Viereck, dessen Seiten nur zweihundert Meter lang sind. Trotzdem kann sich ein ganzes Fuchsleben auf einem so kleinen Terrain abspielen. Generell werden die Territorien am strengsten im Frühjahr und Sommer verteidigt, wenn die Ressourcen des Gebiets für die Aufzucht der Welpen benötigt werden.

Im September habe ich aufgehört, morgens nach Füchsen Ausschau zu halten. Ich kam einfach zu oft vergeblich, doch die Stunden, in denen ich Füchse beobachten konnte, die sich von mir nicht stören ließen, hatten in mir den Wunsch geweckt, mich noch intensiver mit ihnen zu befassen. Im Frühjahr werde ich einen Fuchsbau ausfindig machen, sagte ich mir, und versuchen, das Leben einer Fuchsfamilie von Anfang an zu begleiten. In der Zwischenzeit wollte ich mich vorbereiten. Während der herbstliche Regen ans Fenster schlug, vertiefte ich mich in Bücher und Artikel über Füchse und machte mir Gedanken, ob die Füchse des vergangenen Sommers die Jagdsaison überleben würden.

Fuchsjagd

Im Herbst ist in Norwegen Jagdzeit. Für den Rotfuchs ist die Saison ungewöhnlich lang: Die Jagd wird bereits am 15. Juli eröffnet und dauert bis zum 15. April des darauffolgenden Jahres. Die Schonzeit von drei Monaten soll verhindern, dass die kleinen Welpen zu Waisen werden und damit zum Verhungern verurteilt sind, doch die Jagd beginnt, bevor die Jungtiere das elterliche Revier verlassen haben. Das heißt, die Jagd ist den größten Teil des Jahres über möglich, sofern es der Grundbesitzer erlaubt. Es ist also nicht verwunderlich, dass Füchse in den ländlichen Gegenden Norwegens scheu sind. Dort, wie auch im übrigen Europa, wird ein Fuchs auf dem Land, sobald er Vertrauen zu den Menschen fasst, aller Wahrscheinlichkeit nach sein Leben durch eine Gewehrkugel oder eine Ladung Schrot beenden.

Warum wird der Fuchs geschossen? Der Kadaver hat kaum einen ökonomischen Wert. In der Steinzeit kam es sicherlich vor, dass Menschen Fuchsfleisch aßen, aber das ist lange her. Vor beinahe fünfhundert Jahren schrieb der Schwede Olaus Magnus über den Umgang der Bewohner des Nordens mit dem Wild: »Man verschmäht nur das Fleisch des Fuchses und des Wolfes, da sie von Natur aus unrein und zu vielen Krankheiten ausgesetzt sind, vor allem der Tollwut.« Das dicke Winterfell des Fuchses haben die Menschen in kalten Gegenden hingegen immer genutzt. Im 16. Jahrhundert nähten sie Kleidung und Bettdecken aus Fuchsfellen, und da die Felldecken warm hielten und gleichzeitig leicht waren, eigneten sie sich besonders für ältere Menschen, so Olaus Magnus, der selbst bereits über sechzig Jahre alt war, als er seine Abhandlung schrieb. Er nannte sich Erzbischof von Schweden, tatsächlich musste er jedoch ins Exil gehen. Sein Werk »Die Wunder des Nordens« schrieb er in Rom, der Stadt des Papstes, denn Olaus Magnus war Katholik und die skandinavischen Länder hatten Martin Luthers protestantische Lehre angenommen. Vielleicht fror der Bischof im Winter in den italienischen Prachtbauten an den Zehen, vielleicht vermisste er eine Bettdecke aus skandinavischem Fuchsfell. In jedem Fall lag ihm viel an der Jagd auf den Fuchs – und auf seinen Pelz.

Rote Füchse gäbe es im fernen Norden überall, schrieb Olaus. »Dank der Spuren, die sie im Schnee hinterlassen, sind sie eine leichte Beute für den listigen Jäger und seine flinken Hunde.« Allerdings behauptete der wenig quellenkritische Bischof auch, Füchse würden häufig auf den Rücken von Ziegen reiten, wenn sie vor einer Gefahr flüchten müssen. Eine seiner glaubwürdigeren Informationen war, dass es weit wertvollere Pelze als die des gewöhnlichen Rotfuchses gab – Pelze mit anderen, selteneren Farben, vor allem schwarzes Fuchsfell. Olaus war der Ansicht, die Russen hätten irgendwo weit im Osten Zugriff auf diese schwarzen Pelze, allerdings verdächtigte er die Russen auch, die Felle zu verfälschen, indem sie gewöhnliches

Rotfuchsfell schwarz färbten. In Wahrheit kamen die kostbaren schwarzen Fuchspelze vermutlich mit Schiffen aus Nordamerika, wo europäische Abenteurer und Händler allmählich die Oberhand bekamen. In Nordamerika gibt es wilde Rotfüchse mit schwarzem Fell. Und häufig haben sie auch silbergraue Haarspitzen – die sogenannten Silberfüchse. Die Jagd auf Tiere mit schönem, oft seltenem Pelz war ein wesentliches Motiv für die europäische Eroberung der kalten Erdregionen wie Sibirien, Alaska und Kanada. Bis weit ins 20. Jahrhundert hinein lohnte es sich auch in Norwegen, Füchse wegen ihres Pelzes zu jagen, und noch heute gibt es junge norwegische Fuchsjäger, die von den abenteuerlichen Legenden des »Pelzjägerlebens« schwärmen. Tatsächlich lässt sich das Fell von wilden Füchsen aber kaum noch verkaufen. Die Konkurrenz der Pelztierfarmen, die Pelze mit dichterem, längerem und glänzenderem Fell produzieren, wurde zu mächtig.

Heute findet die Fuchsjagd wegen der damit verbundenen Spannung statt. Die Intelligenz und Wachsamkeit macht den Fuchs in den Augen der Jäger zu einem würdigen Gegner, und die Suche nach der idealen Schussposition ist eine echte Herausforderung. Die Traditionen der Fuchsjagd sind außerdem ein wertvolles Kulturerbe, das es zu bewahren gilt, wie in den Büchern, Magazinen und Informationsmaterialien des Norwegischen Jäger- und Fischerverbands immer wieder unterstrichen wird. Die Jäger sehen im Fuchs einen Konkurrenten und in der Fuchsjagd einen gesellschaftlich nützlichen Beitrag, um den Bestand von Rehen, Hasen und Hühnervögeln zu erhöhen. Diese Konkurrenz zwischen Fuchs und Jäger gibt es tatsächlich. Die Forschung deutet darauf hin, dass Kleinwild sich stärker vermehrt, wenn es weniger Füchse gibt. Die Frage ist allerdings, ob die Jagd den Fuchsbestand tatsächlich reduziert, denn Füchse vermehren sich rasch und sind in der Lage, weite Wanderungen zu unternehmen, sodass freie Territorien schnell wieder besetzt werden – zumindest in Gegenden, in denen die Lebensbedingungen für den Fuchs gut sind. Die Freizeitjäger müssen also gewaltige Anstrengungen unternehmen, wenn sie es schaffen wollen, den Fuchsbestand effektiv zu regulieren. Die norwegische Jagdzeitschrift *Jeger* zitierte einen namentlich nicht genannten norwegischen Zoologen, der darüber nachdachte, ob es sinnvoll ist, wenn Jäger an bestimmten Köderplätzen Futter auslegen, mit dem Ziel, die Füchse anzulocken, um sie anschließend zu erlegen. Führte diese Form der Fütterung nicht vielleicht dazu, dass die Füchse satt durch den Winter kommen, und weniger dazu, ihren Bestand wirksam zu begrenzen ... Es wäre durchaus denkbar. Die Jagdliteratur rät häufig dazu, über einen längeren Zeitraum am Köderplatz etwas für den Fuchs auszulegen, sodass er immer wieder kommt. Wer eine sogenannte Trapper-Box einsetzen wollte, also eine Kastenfalle, mit der der Fuchs lebend gefangen wird, bekam in einer Publikation über die Fuchsjagd des Norwegischen Jäger- und Fischerverbands folgenden Rat: »Lange vor dem Fang, oft Monate vorher, sollten die Köder ausgelegt werden. Dadurch wird der Fuchs an die Box gewöhnt, er nimmt sie als einen angenehmen Ort mit viel gutem Futter wahr. Es ist sehr wichtig, dass jederzeit Futter in der Falle ist!«

Fallen wurden in Skandinavien seit Urzeiten für die Fuchsjagd verwendet. Bereits Bischof Olaus erzählt, dass ein Fuchs, dessen Pfote in eine Falle gerät, bisweilen seinen eigenen Knochen durchbeißt, um sich zu befreien. Schlagfallen, die Tiere in eine derart grausame Situation bringen, sind in Norwegen zum Glück verboten. Heute sind lediglich Fallen erlaubt, mit denen der Fuchs unter Einsatz eines Käfigs oder Kastens lebendig gefangen wird. Diese Fallen müssen täglich überprüft werden. Die Tiere werden dann durch einen Schuss getötet.

Es gibt Fuchsjäger, die sich über eine Fuchsspur im Schnee anpirschen, doch bei einem Tier mit einem so scharfen Gehör auf diese Weise in Schussposition zu kommen, ist durchaus eine Leistung. Die meisten Jäger setzen daher darauf, den Fuchs durch Geräusche anzulocken. Sie imitieren die Laute von Beutetieren, zum Beispiel den Schrei eines Hasenjungen in Not oder den Warnruf eines Vogels. Es gibt spezielle Lockpfeifen zu kaufen, deren Einsatz offenbar eine reale Chance bietet, dass der Fuchs sich tagsüber von seinem Ruheplatz erhebt und auftaucht. Fuchsjäger lieben diese Methode, denn dann müssen sie nicht bei Nacht jagen. Dennoch ist in Norwegen die Köderjagd die am meisten verbreitete Methode. Der Fuchsjäger legt einen Tierkadaver, in Tran getauchtes Hundefutter oder andere übelriechende Versuchungen aus, versteckt sich und wartet bis zum Abend mit schussbereiter Büchse. Manche Jäger nutzen Scheinwerfer, um den Fuchs besser sehen zu können. Das Versteck kann sich auch in einer Scheune oder einem Stall befinden, oder auch in einem verdunkelten Schlafzimmer.

Beim Begriff »Fuchsjagd« denken viele Menschen an Briten in roten Jacken, die einer Hundemeute hinterherreiten und dabei in ihre Hörner blasen. Für derartige Parforcejagden gibt es in Norwegen keine Tradition, doch in Dänemark kennt man durchaus alte Geschichten über königliche und adelige Jagdausritte. Auch der neuere Brauch der sogenannten Hubertusjagd ist dort bekannt. Uniformierte Reiter verfolgen dabei einen symbolischen »Fuchs«, den einer der Teilnehmer mit einem Fuchsschwanz an der Uniform verkörpert.

In Skandinavien wird die Fuchsjagd auch mit Hunden betrieben, allerdings ohne Pferde und ohne großes Aufsehen. Die »flinken Hunde« des Jägers, von denen Olaus Magnus schrieb, müssen ungefähr die gleiche Aufgabe gehabt haben wie die Hunde, die heute Stöberhunde genannt werden: Hunde, die bellen, wenn sie einen Fuchs oder einen Hasen aufscheuchen, und so dem Jäger deren Standort verraten. Hundebesitzer trainieren gern Jagdhunde, die sie auf eine ganz bestimmte Wildart ansetzen. Vermutlich muss man sich schon bei den Welpen entscheiden, ob man einen Hasenhund oder einen Hund für die Fuchsjagd haben möchte.

Ein Stöberer kann auch anders eingesetzt werden: »Der andere Typ ist ein schnelljagender Stöberer, der nicht lange nach nächtlichen Spuren sucht, sondern den Fuchs in seinem Tageslager überrascht und ihn rasch und sicher in seinen Bau treibt.« Hier handelt es sich um Hunde, die direkt auf den Fuchs losgehen und ihn so erschrecken, dass er Schutz unter der Erde sucht. Der Hund soll dann vor dem Bau stehen bleiben und bellen, um anzuzeigen, wo die Beute geblieben ist.

Und was macht der Jäger, wenn der Fuchs unter der Erde verschwunden ist? Ja, dafür gibt es noch einen Hund. Den Erd- oder Bauhund. Das kann ein Terrier oder auch ein Dackel sein, Hauptsache, er ist klein und mutig (um nicht zu sagen dummdreist) genug, in die dunklen Gänge zu kriechen und einen verzweifelten Feind zu stellen. Jagdhundetraining ist eine kleine Wissenschaft: Auch Bauhunde gibt es in zwei Varianten. Ein sogenannter »Vorlieger« soll den Fuchs in eine Sackgasse jagen und ihm den Weg versperren, indem er sich hinlegt und so laut wie möglich bellt, sodass der Fuchs es nicht wagt, an ihm vorbeizulaufen. Versucht der Fuchs auszubrechen, soll der Hund »sich verteidigen«, wie es in der Jagdliteratur vielleicht eine Spur zu euphemistisch heißt. Dackel werden häufig als Vorlieger eingesetzt. Während der Fuchs in seinem Bau gefangen ist, beginnt für die Jäger die Arbeit mit Spaten, Schaufeln und Brechstangen.

»Sprenger« wird der andere Typus von Bauhund genannt. Sie sollen den Fuchs ganz einfach aus seinem Bau jagen. Häufig übernehmen Terrier diese Arbeit, und in der Jagdliteratur wird immer wieder davor gewarnt, in der allgemeinen Aufregung den Hund zu erschießen, wenn er den Fuchs plötzlich aus dem Bau treibt. Auch die Positionierung der Jagdkameraden und die Schussrichtung auf den Bau müssen genau geplant sein, um keinen Jagdunfall zu riskieren.

Die Wahl und das Training von Bauhunden ist, wie gesagt, eine kleine Wissenschaft mit eigener Fachterminologie: »Zusätzlich zu seiner anatomischen Beschaffenheit muss der Bauhund über gewisse charakterliche Züge verfügen. So muss er zwar über genug Jagdinstinkt verfügen, darf dabei aber nicht zu scharf auf das Jagdwild sein. Diese sogenannte ›Raubwildschärfe‹ muss für die Arbeit im Bau in einem annehmbaren Bereich liegen. (…) Weiterhin soll der Bauhund gelehrig, mutig und aktiv sein. Er muss an seine Beute rangehen und den Fuchs durch lebhaftes Bedrängen für den Jäger aufscheuchen, ohne dafür stundenlang vorzuliegen.«

Bis vor kurzem wurden norwegische Hunde an lebenden Füchsen trainiert und getestet, die Jagdhundeklubs einzig und allein zu diesem Zweck in Gefangenschaft hielten. Ingrid hieß der letzte Hundetrainingsfuchs in meinem Bezirk. Ingrid und ihre Kollegen wurden auf Pelztierfarmen gekauft und in künstlichen Bauten eingesetzt, einer Art Labyrinth, an dessen Ende ein Käfig stand, in dem der Fuchs saß. Der Hund musste sich durch ein Rohrtunnelsystem vorarbeiten, um zu zeigen, ob er einer Begegnung mit einem lebendigen Fuchs gewachsen war. Der Hund und der Fuchs waren durch eine Käfigwand getrennt. Trotzdem hatten die staatlichen Stellen, die für das Tierwohl verantwortlich sind, Sorge, dass diese Füchse einem unangemessen großen Stress ausgesetzt sind. Trotz der Proteste aus dem Jagdhundemilieu wurde es 2020 verboten, lebendige Füchse zum Hundetraining einzusetzen.

Würde es nach Topsy gehen, gingen auch wir auf die Jagd. Sie liebt es, Spuren zu verfolgen, und versteht, was passiert, wenn ich mich ducke und zu schleichen beginne, zum Beispiel wenn wir uns einem Weiher nähern, an dem Biber leben, oder einem Bau, in dem ein Dachs oder ein Fuchs hausen könnte. Dann ist auch sie leise. Tatsächlich hält sie es eine ganze Weile aus, wenn ich mich vorsichtig hinsetze, um etwas zu beobachten, ohne selbst gesehen zu werden. Sie ist ungefähr ebenso lange ruhig wie ein großes Kind, würde ich sagen. Dann wird sie ungeduldig, überlegt, ob wir nicht besser angreifen sollten, und fängt an zu fiepen, in der Erde zu scharren und Stöckchen zu zerbeißen. Daher nehme ich sie selten mit, wenn ich losziehe, um Füchse zu beobachten.

Es gibt keine Jagdausflüge mit Topsy. Meine Art, sich ihrer roten Verwandtschaft zu nähern, ist und bleibt die Beobachtung. Ich trete nicht für irgendeinen generellen Schutz des Rotfuchses ein, aber Füchse und andere Wildarten zu beobachten, ist in vielerlei Hinsicht weit interessanter, als in ihnen nur eine Jagdbeute zu sehen. Und in einer Welt, in der auf jeden Menschen immer weniger wilde Tiere kommen, sollten wir doch alle lernen, Tiere zu bewundern, ohne sie notwendigerweise zu jagen, zu fangen, zu zähmen oder zu stören.

Mit Kopfhörern auf der Dänemark-Fähre

Der Fuchs muss etwas an sich haben, was die menschliche Fantasie anregt. In der chinesischen, japanischen und der koreanischen Tradition gibt es Füchse, die sich in Menschen verwandeln, häufig in hübsche Frauen, die Männer verführen und ins Elend stürzen. Außerdem gibt es Fuchsgeister, die von Menschen Besitz ergreifen, entweder aus eigener Initiative oder angeregt von boshaften Personen. In Europa wird vor allem der Wolf verdächtigt, für derart finstere Wesensveränderungen verantwortlich zu sein, während der Rotfuchs in eher heiteren Zusammenhängen auftaucht, in Märchen, Fabeln und Satiren, in denen Tiere sprechen und wie Menschen agieren können. Welches Geschlecht der Fuchs hat, kommt ein bisschen darauf an, welche Sprache er spricht. Der russische Märchenfuchs ist oft weiblich und wird Jelizavéta genannt, also Elisabeth. Es ist ganz einfach ein Wortspiel mit dem Begriff *lisá*, der russischen Vokabel für Fuchs. In Westeuropa ist der Fuchs eher ein Bursche namens Reineke oder Reynard. In Skandinavien heißt er Mikkel

Rev, also Michel Fuchs. Seit dem 20. Jahrhundert tauchen die erdichteten europäischen Füchse vor allem in Geschichten für Kinder auf.

Dem Michel Fuchs meiner Kindheit begegnete ich bei einem Glas Aalborg Aquavit auf der Fähre nach Dänemark wieder. Die Fähre verließ den Oslofjord, und der schimmernde dänische Kümmelschnaps schmeckte nicht schlecht, obwohl ich sagen muss, dass ich den norwegischen, eichenfassgelagerten Aquavit bevorzuge. In meinen schwarzen Kopfhörern ertönte ein wohlbekanntes Lied, das ich problemlos hätte mitsingen können: »Ich heiße Michel Fuchs, bin listig wie der Luchs …« Alle anderen Besucher der Bar hörten erst Disco-Klassiker über die Lautsprecheranlage und erlebten später einen dänischen Barden mit seiner One-Man-Show, während vom Land her Lichter blinkten, nachdem es draußen dunkel geworden war. Die Dänen und Norweger, die sich auf einer Vergnügungsreise befanden, wurden munterer, die Pärchen auf Liebesreise zärtlicher. Die Kinder mit ihren Eltern im Schlepptau wurden müder, und meine eigene private Tonspur versetzte mich auf den Fußboden des Wohnzimmers meiner Kindheit zurück. Und zu dem kleinen Kassettenrecorder, mit dem sich Musikkassetten abspielen ließen, deren Magnetband man mit einem Bleistift aufdrehen konnte, wenn es sich verheddert hatte und zu Bandsalat geworden war. Auf einer dieser Kassetten war das Singspiel »Klettermaus und die anderen Tiere im Hackebackewald« des Norwegers Thorbjørn Egner, in dem es viel um Michel Fuchs geht, der die schlechte Angewohnheit hat, die Mäuse im Wald zu verspeisen. Die Mäuse schließen sich mit Vater Bär zusammen, und gemeinsam setzt die Maus-Bären-Koalition ein generelles Verbot durch, sich gegenseitig aufzufressen. Das Gesetz wird auf einer großen Versammlung aller Tiere des Waldes einstimmig angenommen. Sogar Michel wird dazu gebracht, seine Pfote zu heben und für das Gesetz zu stimmen. Anschließend hat er jedoch Schwierigkeiten mit seinem neuen Leben als Vegetarier, bis er eine Gesetzeslücke entdeckt und einen geräucherten Schinken aus der Vorratskammer des angrenzenden Bauernhofs stiehlt. Dieses Vergehen führt jedoch zu einer neuen Gefahr im Wald: den Bauern auf Fuchsjagd. Als die Jäger das Bärenjunge Brummelmann fangen und an den Zirkus verkaufen wollen, tun sich Michel und die Mäuse zusammen und befreien Brummelmann, und so endet das Stück mit einer vollständigen Verbrüderung unter den Tieren des Waldes und einer gemeinsamen Feier des fünfzigsten Geburtstags von Vater Bär.

Der »Hackebackewald« wurde ursprünglich 1953 als Hörspiel für den Rundfunk geschrieben. Später wurde die Geschichte zu einem Buch, einem Singspiel und einem Hörbuch umgearbeitet, und mit der Zeit ist sie im skandinavischen Raum zu einem Klassiker der Kinderliteratur geworden.

Eine Sache war allerdings komisch mit Egners Fuchs. Er war so dumm. *Er* ließ sich überlisten, las man doch sonst oft genug, dass der Fuchs schlau sei, zum Beispiel in den norwegischen Volksmärchen, die Asbjørnsen und Moe[1] im 19. Jahrhundert gesammelt hatten. Dort erfuhren wir, dass der Bär einen kurzen Schwanz hat, weil Mikkel Rev ihm einmal vorschlug, mit dem Schwanz im Eis zu fischen, und dieser prompt festfror. Und wir haben gelesen, dass der Fuchs eine weiße Schwanzspitze bekam, nachdem er eine Arbeit als Hirte angenommen hatte. Er fraß die Herde auf, auf die er aufpassen sollte, und er trank auf dem Hof die Sahne aus, wobei ihm der

1 Peter Christen Asbjørnsen (1812-1885) und Jørgen Moe (1813-1882), Sammler norwegischer Volksmärchen; die erste Ausgabe der Volksmärchen der norwegischen »Grimms« erschien von 1841 bis 1844.

11 *Michel Fuchs jagt Augustin Waldmaus. Thorbjørn Egners Illustration zu* Klettermaus und die anderen Tiere im Hackebackewald

letzte weiße Sahnetropfen auf seine Schwanzspitze flog, als die wütende Bauersfrau entdeckte, wie er sie zum Narren gehalten hatte. Der Fuchs im »Hackebackewald« war vermutlich so ein Dummkopf, weil das Stück in einer Zeit entstand, als das Erbauliche besonders wichtig war und von Erzählungen für Kinder eine glasklare Moral erwartet wurde. Der Schurke durfte keine Stärke zeigen, damit das Kind nicht auf die Idee kam, ihn nachzuahmen. Die harmlosen Charakterzüge des Fuchses und der anderen aus Egners Geschichte ließen sich mit ein wenig Aufwand korrigieren, sodass aus ihnen einigermaßen ordentliche Staatsbürger wurden. Auf diese Weise spiegelt der »Hackebackewald« den Glauben der Nachkriegszeit wider, dass sich die Gesellschaft wie ihre Bürger zum Besseren reformieren ließen. Allerdings fragt man sich, ob der Autor nicht doch ein wenig schmunzeln musste, als er die Versuchsanordnung einer Freundschaft zwischen Maus und Fuchs zu einem Abbild der sozialdemokratischen Gesellschaftsordnung werden ließ. »Findet ihr nicht, dass Mohrrüben scheußlich schmecken?«, fragte Michel Fuchs die zuhörenden Kinder. »Was? Die schmecken euch gut? Dann seid ihr keine Füchse!« Nein, genau. Man ist, was man isst.

Als das Schnapsglas leer war, ging ich in meine Kabine, um mich von Thorbjørn Egners sanfter Erzählerstimme in den Schlaf wiegen zu lassen und für die Arbeit am nächsten Tag in Kopenhagen Kräfte zu sammeln. Die Reise mit der Dänemark-Fähre war der Beginn einer Jagd nach Quellen und Wurzeln. Ich wollte herausfinden, warum der Fuchs in Skandinavien Mikkel heißt und wie um alles in der Welt Thorbjørn Egner darauf kam, dass Mikkel einen neuen Lebensstil auf pflanzlicher Kost ausprobieren sollte. Erste Untersuchungen deuteten darauf hin, dass sich die Antworten keinesfalls in Norwegens Fjorden und Fjells finden ließen. Um der Sache auf den

Grund zu gehen, musste ich über Skagerak und Kattegat nach Dänemark reisen – und weiter über die Ostsee nach Deutschland –, auf dem Weg, den die Schiffe schon immer genommen haben.

Das Mysterium Reineke

Die Tür zum Antiquariat Herman H.J. Lynge & Søn in Kopenhagen ist verschlossen. In den Schaufenstern stehen Erstausgaben von alten Büchern, dahinter ist ein Regal nach dem anderen zu erkennen, in denen die meisten Buchrücken so aussehen, als handele es sich um mit Gold bedruckte Ledereinbände. Auf den ersten Blick scheint das Geschäft leer zu sein. Dann bemerke ich eine Bewegung. Ich sehe eine Frau und einen Mann mit weißen Haaren, der Mann trägt einen Bart. Dann taucht ein jüngerer Mann auf, möglicherweise ihr Sohn. Niemand macht Anstalten aufzuschließen, obwohl die offizielle Öffnungszeit längst begonnen hat. Nachdem ich mich auf die Zehen gestellt und ein paar Schritte nach rechts und nach links gemacht habe, um mit den Menschen im Antiquariat Blickkontakt aufzunehmen, bemerke ich die Klingel und das Schild darunter: *Hier klingeln*. Ich klingele. Sofort kommt der ältere Herr und öffnet, und drinnen offenbart sich ein organisiertes Chaos aus alten Büchern. Nicht nur in den überfüllten Regalen, sondern auch in Stapeln auf Stühlen und Tischen, auf dem Boden und auf beiden Seiten der Stufen der ohnehin schon schmalen Treppe in den ersten Stock.

»Willkommen«, begrüßt mich der Weißhaarige.

»Danke«, sage ich, »ich bin derjenige, der sich das Fuchsbuch ansehen möchte.«

Der jüngere Mann übernimmt und zeigt auf eine Ecke im Inneren des Geschäfts.

»Sie können sich dort hinsetzen«, sagt er und räumt von einem Tisch, der nicht voller Bücherstapel steht, zwei Gläser mit Resten einer Flüssigkeit ab, die aussieht wie Rhabarbersaft oder ein Rosé. Er legt mir drei Bücher hin: ein sehr kleines, in glattgeriebenes, hellbraunes Leder gebundenes Buch und zwei große Bände, die nahezu fleckenfrei sind.

»Ist dies die Ausgabe von 1555?«, frage ich andächtig und zeige auf das kleine, hellbraune Buch. Der Antiquar bestätigt es.

»Darf ich darin blättern?«

»Ja, bitte sehr.«

Vorsichtig blättere ich. Das Buch kostet mehr als hunderttausend norwegische Kronen[1]. Obwohl das Buch bald fünfhundert Jahre alt ist, sind die vergilbten Seiten unversehrt, und ist man Frakturschrift gewohnt, ist der Text noch immer leicht zu lesen. »Ein Buch über den Fuchs«, steht auf dem Titelblatt in altem Dänisch, »der auf Deutsch Reinicke Foss genannt wird / Und ein schönes und lustiges Buch ist mit vielen köstlichen Geschichten / lustigen Reimen / Exempeln / und herrlichen Figuren / das niemals zuvor auf Dänisch erschienen ist / nun kürzlich verdänischt von Herman Weigere / Bürger in Copenhaffn.« In der Hand halte ich den Grund für meinen Besuch in Dänemark. In diesem Buch wird der Fuchs zum ersten Mal

1 Über zehntausend Euro.

Mikkel genannt. Ein Mann namens Herman Weigere dichtete die lange Erzählung über den Fuchs aus dem Deutschen im Dänischen nach und tauschte den deutschen Namen Reinicke durch den dänischer klingenden Namen Mikkel oder Mickel aus, wie er ursprünglich geschrieben wurde. Warum er gerade diesen Namen wählte, bleibt ein Rätsel.

Ich blättere, und von der nächsten Seite starrt ein Mann mit einer Feder am Hut brüsk an meiner linken Schulter vorbei. Unter dem Holzschnitt steht »Christian, mit Gottes Gnaden der Dritte«. Die Liste von Christians Fürstentiteln ist lang und beginnt mit dem Titel des Königs von Dänemark und Norwegen. Weigere wendet sich in einem unterwürfigen Vorwort an den Monarchen. Er nennt ihn »gnädigster Herr«, allerdings war König Christian III. nicht sonderlich gnädig. Einmal schrieb er zum Beispiel seinem Statthalter in Norwegen, er hätte lieber ein unbewohntes Reich als ein ungehorsames Reich. Da es in dem Fuchsbuch um einen König geht, der sich von durchtriebenen Ratgebern täuschen lässt, ist es nicht so merkwürdig, dass Weigere es für das Sicherste hielt, sein Vorwort mit lobenden Worten über den König und die bedeutenden Männer im Rat des Königs zu füllen und zu versichern, dass die Geschichte sich keineswegs gegen irgendwelche Zeitgenossen richte. Vermutlich musste Weigere besonders vorsichtig sein, denn er hatte in seiner Jugend Christian II. unterstützt, den Feind und Verwandten von König Christian III. (das dänische Königshaus ist nicht bekannt für seinen Erfindungsreichtum bei der Namensgebung), der jetzt im Gefängnis saß. Die Veröffentlichung von Büchern unterlag darüber hinaus einer strengen Zensur. Was Herman Weigere tief in seinem Inneren über den Herrscher des Reiches dachte, lässt sich daher nicht sagen.

Die eigentliche Geschichte wird gereimt erzählt. Eingeleitet wird sie durch einen Holzschnitt von zwei Löwen mit einer

Krone auf dem Kopf – offensichtlich König und Königin –, die auf einem Thron sitzen; vor ihnen steht eine Schar von Tieren. Der König der Tiere hat die vornehmsten Adligen des Reiches zu einer Versammlung einberufen. Nur der Fuchs ist der Versammlung ferngeblieben. Er hat so viele Frevel begangen, dass er es nicht wagt, sich zu zeigen. Noch bevor der Rat der Tiere beginnt, werden die Anklagen gegen den Fuchs vorgebracht. Der Wolf erzählt, Mikkel hätte sich bei der Wölfin eingeschmeichelt, als er selbst verreist war. Mikkel hätte bei ihnen übernachten dürfen, und er hätte die Wölfin vergewaltigt und darüber hinaus die Wolfswelpen »bepisst«. Nach dem Wolf ergreifen mehrere Tiere das Wort: Der Hund, die Wildkatze und der Panther, alle bringen sie ihre Klage vor.

Der Dachs hingegen ist Mikkels Neffe. Er nimmt den Onkel in Schutz und behauptet, Mikkel sei schon seit sieben Jahren der Liebhaber der Wölfin, »in Zucht und Ehre« – das ist durchaus als komischer Widerspruch gemeint –, er sei es gewohnt, mit ihr zu verkehren, und sie habe ihm gegeben, was er haben wollte. Die Wölfin selbst klage schließlich nicht, und das sollte auch Herr Wolf nicht tun, der sich und seine Frau blamiere, indem er das Thema vor diese Versammlung bringe, meint der Dachs. In der Geschichte wird nicht geklärt, was tatsächlich zwischen dem Fuchs und der Wölfin vorgefallen ist. Ein Wort steht gegen das andere.

Der Dachs behauptet darüber hinaus, Mikkel lebe in letzter Zeit wie ein »göttlicher Mönch«, er trage ein stachliges Büßerhemd und habe ein ganzes Jahr weder gepökeltes noch frisches Fleisch gefressen. Doch die Apologie wird sofort untergraben, denn der Hahn und seine Söhne erscheinen als Trauerprozession. Sie tragen Kerzen und auf einer Bahre ein junges Huhn, das der Fuchs totgebissen hat. Der Hahn erzählt, der Fuchs verkleide sich als Mönch und ließe die Hühner glauben, er sei so fromm geworden, dass er in Armut lebe und dem Fleisch entsage. Durch diese List habe er sie dazu gebracht, den schützenden Hühnerhof zu verlassen. Der Holzschnitt, der das Kapitel über die Prüfungen der Hühner illustriert, zeigt den Fuchs, der auf zwei Beinen steht und eine Mönchskutte trägt. In der einen Pfote hält er eine katholische Gebetskette, in der anderen hat er einen Brief des Königs mit der Empfehlung, den Frieden einzuhalten. Ein Brief, von dem er behauptet, er habe ihn zu seinem neuen, fleischlosen Lebensstil inspiriert. Der Hahn studiert den Brief des Königs. Im Hintergrund sehen wir den Fuchs in seiner natürlichen Position, auf allen vieren, das Huhn in der Schnauze. So beginnt das Fuchsbuch.

Nun wird Mikkel wieder und wieder bei Hofe vorgeladen, aber jedes Mal hat er eine findige Ausrede, bis er es schließlich doch für opportun hält, dem Gebot des Königs zu folgen. Er redet sich aus den unmöglichsten Situationen heraus. Seine Eloquenz rettet ihn, ob er nun mit dem stärkeren Wolf ein Duell ausficht oder mit einem Strick um den Hals unter dem Galgen steht. Der Fuchs dichtet, lügt, lockt, verwirrt, schmeichelt und prahlt, und es endet damit, dass seine Feinde getötet oder ihnen auf Befehl des Königs bei lebendigem Leib die Haut abgezogen wird. Und am Ende wird Mikkel zum Kanzler ernannt, der Schurke wird also der vornehmste Ratgeber und Repräsentant des Königs. Im Grunde ist die Erzählung des Fuchsbuches amoralisch. Der Leser wird eingeladen, über die Dummheit der Welt und deren Machthaber, die sich hintergehen lassen, die Augen zu verdrehen und sich über das Prahlerische des egozentrischen und skrupellosen Protagonisten zu freuen. Getarnt wird all dies, indem das eigentliche Gedicht in viele moralisierende Erklärungen des Inhalts verpackt wird, die den Eindruck vermitteln, dass es sich im Grunde um recht erbauliche Geschichten handelt, da die Erzählung doch

12 *Der als Mönch verkleidete Fuchs betrügt die Hühner. 1539 entstandener Holzschnitt von Erhard Altdorfer, abgedruckt in Herman Weigeres* En Ræffue Bog

allerlei schlechtes Benehmen benennt, vor dem man sich hüten muss.

Selbstverständlich kann ich mir kein Buch leisten, das mehr als hunderttausend Kronen kostet. Die beiden großen Bände hingegen … Sie sind exklusiv genug, es sind Exemplare einer Auflage, von der nur vierhundert Stück gedruckt wurden, die 1915 und 1923 erschienen sind – mit dem ursprünglichen Text und allen Illustrationen, einem gelehrten Kommentar, Anmerkungen und Worterklärungen. Ich lasse mich von der bibliophilen Atmosphäre hinreißen, bezahle die gut zweitausend norwegischen Kronen[1] und verlasse das Antiquariat mit einer Tragetasche aus Baumwolle, in der sich ein paar Kilo Fuchsbuch befinden, sorgfältig verpackt in Luftpolsterfolie.

In der Königlich Dänischen Bibliothek warten weitere alte Bücher auf mich. Ihre Lektüre bestärkt mich in dem Glauben, das Thorbjørn Egner durch das dänische Fuchsbuch inspiriert wurde, als er sich diese Geschichte über den Konflikt ausdachte, der das eigentliche Thema von »Klettermaus und die anderen Tiere im Hackebackewald« aus meiner Kindheit ist. Der Fuchs, der erklärt, er habe mit seiner Raubtiernatur gebrochen und wolle aufhören, Fleisch zu fressen, und die Frage, ob eine derartige Wesensänderung überhaupt möglich ist, finden wir im Fuchsbuch in der Episode mit dem Auftritt bei den Hühnern.

Auch der Schinkendiebstahl auf dem Bauernhof kommt in der Erstausgabe von 1555 vor. In Norwegen existierten einige wenige Exemplare von Weigeres altem Fuchsbuch, das Egner gelesen haben könnte, zum Beispiel in der Bibliothek der ehrwürdigen Osloer Kathedralschule; später gab es auch dänische

1 Ca. zweihundert Euro.

und deutsche Versionen der Geschichte in den Bibliotheken. Trotzdem stellt sich die Frage, ob vielleicht jemand in Norwegen Egner auf diese Werke aufmerksam gemacht hat. Wir Norweger haben das Fuchsbuch nie als Teil unseres Kulturerbes begriffen, die norwegischen Volksmärchen über den Fuchs wurden von uns mehr geschätzt. Ich vermute, dass Egner die Ausgabe kannte, die 1947 in modernem Dänisch erschien: »Den gode gamle ræveborg, genfortalt for børn af Christian Dahlerup Koch« (Das gute alte Fuchsbuch, für Kinder nacherzählt von Christian Dahlerup Koch). Dies ist natürlich eine geschönte Version – von der Vergewaltigung ist jetzt nicht mehr die Rede, stattdessen hat der Fuchs die Wölfin am Schwanz gezogen –, und die Anspielungen auf die katholischen Bräuche sind ebenfalls weggefallen, da sie den dänischen Kindern unbekannt waren. Hier gibt sich der Fuchs nicht als asketischer Bettelmönch aus, sondern als gehorsamer Staatsbürger: »König Löwe hat allen Tieren verboten, andere Tiere zu fressen«, schreibt Mikkel in einem verlogenen Brief an den Hahn, »und ich habe König Löwe persönlich versprochen, dass ich nie wieder Hühner oder Hähne fressen werde, daher braucht ihr nicht länger Angst vor mir zu haben.« Vielleicht war es diese Variante über Mikkel, die Egner auf die Idee brachte, aus dem Fuchs einen gesetzestreuen Vegetarier zu machen.

Das dänische Fuchsbuch kann im Übrigen lange vor Egner Einfluss auf die norwegische Kultur gehabt haben. Die Volksmärchen habe ich immer für einen Spiegel der norwegischen Bauernkultur gehalten, mit volkstümlichem Aberglauben, Humor und Fantasie. Zum Teil ist es wohl auch so, allerdings hatte ich nie wirklich darüber nachgedacht, dass Jahrhunderte, bevor Asbjørnsen und Moe umherzogen und ihre Märchen sammelten, bereits gedruckte Bücher im Umlauf waren. In Herman Weigeres Fuchsbuch findet sich eine Geschichte, die sehr an das Märchen erinnert, wie der Bär zu seinem kurzen Schwanz kam, obwohl das Märchen vom Bären zugegebenermaßen die weitaus charmantere Geschichte ist. Im Fuchsbuch überredet Mikkel die Wölfin, mit dem Schwanz zu fischen, und als sie dann am Eis festgefroren ist – so behauptet es jedenfalls der Wolf –, vergewaltigt der Fuchs sie gleich noch einmal. Mikkel erklärt, der Wolf hätte die Situation gründlich missverstanden, er hätte nur versucht, die Wölfin zu befreien. Nach einer Weile kommt auch die Wölfin selbst zu Wort, allerdings will sie nicht mehr über die Sache reden – auch diesmal klärt sie die sich widersprechenden Versionen der beiden männlichen Tiere nicht auf. Stattdessen erzählt sie eine weit harmlosere Geschichte über das schlechte Benehmen des Fuchses ihr gegenüber. Man fragt sich, welche Gedanken den Lesern im 16. Jahrhundert durch den Kopf gegangen sein mögen, als sie von dieser Geschichte hörten; vor allem aber ist es unglaublich, wie grotesk und gleichzeitig brutal diese Erzählungen sind, von denen die klassische skandinavische Kinderliteratur inspiriert wurde.

1555 wurde der Fuchs in Herman Weigeres eigenartigem Buch also zu Mikkel. Warum wählte Weigere ausgerechnet diesen Namen? Vielleicht liefern uns sein eigener Lebenslauf und die historischen Umwälzungen, die er erlebte, die Antwort. Herman Weigere wurde in Malmö geboren, einer Stadt auf der schwedischen Seite des Øresunds, die an klaren Tagen von Kopenhagen aus zu erkennen ist. Zu seinen Lebzeiten gehörte die Stadt zu Dänemark. Sein Vater, Peter Weigere, war vermutlich Malmøs *veier*, also der »Waagemeister«, der darauf zu achten hatte, dass gekaufte und verkaufte Waren ordentlich gewogen wurden. So kam die offenbar wohlhabende Familie zu ihrem Namen. Der junge Herman konnte sich den seltenen Luxus erlauben, an der Universität Rostock zu studieren, bevor er sich in seiner Geburtsstadt als Kaufmann niederließ.

Es war eine unruhige Zeit. Zu Martin Luthers Bruch mit der katholischen Kirche kam es in Herman Weigeres Jugend, und die anschließende Aufspaltung der Kirche fiel mit Konflikten zwischen Stadtbewohnern, Bauern und Adel sowie gewöhnlichen Machtkämpfen zwischen den mächtigen Männern in Nordeuropa zusammen. Die religiöse Seite der Auseinandersetzungen war indes eine ausgesprochen ernste Angelegenheit. Für die Menschen des 16. Jahrhunderts handelte es sich buchstäblich um Himmel oder Hölle, um Erlösung oder ewige Verdammnis; daher ging es rücksichtslos zu, nicht nur, wenn Fürsten im Namen Gottes in den Krieg zogen, sondern auch unter den Zivilisten. So kam es in Malmö zu einem bemerkenswerten Ereignis, als Herman Weigere dort noch Kaufmann war. Ostern 1530 feierten die Franziskanermönche der Stadt die Morgenmesse. »Domine quid multiplicati sunt qui tribulant me«, sangen sie, »ach Herr, wie sind meiner Feinde so viel«. Der biblische Psalm ist eine Bitte um Hilfe im Streit: »Auf, Herr, und hilf mir, mein Gott! Denn du schlägst alle meine Feinde auf die Backe / und zerschmetterst der Gottlosen Zähne.« Als die Mönche über die Feindschaft sangen, splitterte Glas. Bürger der Stadt hatten Steine durchs Kirchenfenster geworfen, die Anhänger der neuen protestantischen Lehre wollten die Mönche aus der Kirche und dem Kloster vertreiben. Ob der Kaufmann Herman Weigere an diesem Morgen zu den Steinewerfern gehörte oder ihnen in sicherem Abstand folgte, ist nicht bekannt. Allerdings stand Jørgen Kock, der Bürgermeister Malmös, auf der protestantischen Seite des Reformationskampfes, und wir können getrost davon ausgehen, dass dies auch für seinen Freund galt, das Stadtratsmitglied Herman Weigere. Die Reformation in Malmö war eine ziemlich radikale Bewegung nach dem Vorbild der deutschen und Schweizer Städte, deren Bürger und Stadträte die Kontrolle über die Kirche an sich rissen. Der dänische König griff erst später ein. In den Jahren 1536-37 setzte Christian III. – dessen Porträt sich im Fuchsbuch findet – die lutherische Reformation in ganz Dänemark und Norwegen durch und ernannte sich selbst zum Oberhaupt der Kirche.

Unmittelbar davor herrschte in Dänemark Bürgerkrieg. Malmös Stadtrat, dessen Mitglied Weigere war, unterstützte den Aufstand, der zum Ziel hatte, den außer Landes geflohenen König Christian II. wieder einzusetzen. Er galt als Unterstützer der Bürger und Bauern, da er häufig Streit mit dem Adel gehabt hatte. In diesem Zusammenhang taucht interessanterweise der Fuchs in einem berühmten Lied auf, das zur Unterstützung Christians II. geschrieben wurde. Der Text der sogenannten »Adlerweise« benutzt Tiere als Symbole für die gesellschaftlichen Klassen und beklagt, dass der »Fuchs« nun unter den »armen Gänsen« wütet. Der Fuchs stand für den Adel, die Gänse waren die Bürger und Bauern. Wenn Gott es wolle, so das Lied, werde der Hund (der den abgesetzten König Christian II. symbolisierte) erwachen und die Gänse befreien. Später wurde darüber spekuliert, ob der junge Herman Weigere der Autor der Adlerweise gewesen sein könnte.

Während der Bürgerkrieg tobte und Malmö belagert wurde, besuchte Weigere als diplomatischer Gesandter mehrere Fürstenhäuser in Europa. Er versuchte, militärische Hilfe für die Aufständischen in Malmö zu beschaffen, hatte jedoch keinen Erfolg. Malmö musste sich geschlagen geben. Als Malmös Anführer kapitulierten und die Stadt dem siegreichen Christian III. überließen, handelten sie eine Amnestie für die Bürger der Stadt aus. Damit konnte Weigere zumindest seinen Kopf retten. Einige Zeit später zog er nach Kopenhagen und lebte dort um

1540 als Inhaber des Wirtshauses »Die Lübecker Herberge« im Haus Amagertorv Nr. 14.

Der Amagertorv, wo Weigere vielleicht auch ein Zimmer hatte, in dem er an der Übersetzung des Fuchsbuches arbeitete, ist nicht weit entfernt von Lynges Antiquariat. Heute ist der Platz Teil der Fußgängerzone Strøget. In dem neueren Backsteingebäude, das jetzt die Hausnummer 14 trägt, ist ein Geschäft der Schuhmarke Scarpa untergebracht, im Nachbargebäude kann man in Illums Bolighus skandinavisches Einrichtungsdesign erwerben. Schon zu Weigeres Zeiten war der Amagertorv ein beliebter Platz, auf dem die Bauern der Insel Amager (auf der heute der Kopenhagener Flughafen Kastrup liegt) ihr Gemüse verkauften; bisweilen wurde der offene Platz auch für Turniere genutzt, bei denen Ritter mit Rüstung und Lanzen so wild aufeinander zu stoben, dass die Hufschläge an den Hauswänden widerhallten. Die Lübecker Herberge war ein Gasthof für Reisende – und für Kopenhagener, denen der Sinn nach ein paar Krügen Bier stand. Es soll eines der angesehensten Gasthäuser der Stadt mit wohlhabender Klientel gewesen sein. Dennoch fragt man sich, ob Weigere als Gastwirt erfolgreich war. Im Vorwort des Fuchsbuches schreibt er, Gott selbst habe ihn in seiner Weisheit dazu gebracht, sich auf die Arbeit an dem Buch zu konzentrieren und allen Ablenkungen wie »Reichtum, Gütern und Geld« zu entsagen.

Das Fuchsbuch, das Weigere in Kopenhagen übersetzte, war in Rostock von einem Mann namens Ludwig Dietz auf Niederdeutsch geschrieben und veröffentlicht worden. Niederdeutsch war damals die Sprache der Hanse und daher eine Lingua franca für große Teile Nordeuropas. In unseren modernen norwegischen, dänischen und schwedischen Sprachen hat sich das Niederdeutsche tief verankert; fast ein Drittel des Vokabulars, das wir Norweger im Alltag verwenden, kommt aus dem

Niederdeutschen – zum Beispiel so alltägliche Wörter wie »sakte« (still, langsam), »fort« (schnell), »arbeide« (arbeiten), »undersøke« (untersuchen), »reise« (reisen), »bekrefte« (bekräftigen). Als Stadtbürger, Kaufmann und ehemaliger Student in Rostock sprach Weigere zweifellos fließend Niederdeutsch. Dennoch ließ er keine wörtliche Übersetzung des Fuchsbuches drucken. Weigere gab der dänischen Nachdichtung seine eigene Prägung, er formulierte um und glich an, er ersetzte ausländische Ortsnamen durch dänische und gab auch den Tierfiguren neue Namen. Einer setzte sich durch: Mikkel etablierte sich als fester Begriff. So fest, dass es an vielen Orten in Skandinavien üblich ist zu sagen, man habe Mikkel gesehen, wenn man einen Fuchs gesehen hat. Aus diesem Grund haben sich viele Menschen die Frage gestellt, wie Weigere ausgerechnet auf diesen Namen kam.

Der Männername Mikkel war in Dänemark schon zuvor bekannt. Es war ursprünglich eine Variante des Namens des Erzengels Michael oder Mikael, nur hat der Engel mit der Geschichte des Fuchses recht wenig zu tun. Eine Möglichkeit ist daher, dass Mikkel der Fuchs im Volksmund bereits benutzt wurde, bevor Weigeres Buch erschien. Es ist nicht auszuschließen, allerdings gibt es keinen Anhaltspunkt dafür. Wahrscheinlicher ist, dass Weigere ihn so getauft hat. Es könnte sich um einen Hinweis auf die schlechten Charaktereigenschaften des Fuchses handeln. Im Deutschen wie im Dänischen gab es die Tradition, den Männernamen Michael oder Mikkel mit bedauernswerten Eigenschaften zu verknüpfen, allerdings ist es seltsam, dass Ausdrücke wie »dummer Michel« oder »Klotzmichel« beziehungsweise »dustemikkel« (Trottel) oder »dåsemikkel« (Dummkopf) für unbeholfene und dumme Menschen verwendet wurden, nicht aber für durchtriebene Schlitzohren wie den Protagonisten des Fuchsbuches. Möglicherweise war

Mikkel aber auch als einer der vielen Beinamen des Teufels hinreichend populär, dass die Leser im 16. Jahrhundert ihn automatisch mit Bosheit in Verbindung brachten. Natürlich ist es auch denkbar, dass der Name auf eine reale Person aus Herman Weigeres Zeit gemünzt war, als Hinweis oder Code, den zumindest einige Leser verstanden haben, vielleicht war es sogar ein privater Spaß. Eine Hypothese lautet, Mikkel könnte auf einen bestimmten Mann aus Malmö mit dem Namen Hans Mikkelsen anspielen, den Weigere mit der betrügerischen Hauptperson seines Buches verknüpfte. Sollte dies zutreffen, würde es bedeuten, dass Herman Weigere sich noch tiefer vor König Christian III. verbeugt hat, als er es in seinem Vorwort zu dem Fuchsbuch ohnehin schon getan hat. Denn Hans Mikkelsen war einer der wichtigsten Anführer des Aufstandes in Malmö in Weigeres jungen Jahren und ein vertrauter Ratgeber von König Christian II.

Was Weigere uns darüber erzählen kann, steht im Fuchsbuch in einer der umständlichen Erklärungen über die nützlichen Lehren, die man aus dem Gedicht ziehen kann. Die Erläuterungen stehen jeweils am Ende eines Kapitels und nehmen im Buch einen weit größeren Raum ein als die eigentliche Erzählung. In der Erklärung zum fünfzehnten Kapitel des ersten Buchs erfahren wir, »welche Art Menschen hier mit dem Namen Mikkel gemeint sind«. Ja, es sind betrügerische, schlaue, untreue, eloquente und falsche Menschen, Nachplapperer, Verleumder und Schmeichler, Leute, die ihr Fähnchen nach dem Wind hängen. Auf solche Menschen kann man bei Hofe oder auf Herrenhöfen nicht verzichten, hält Weigere fest. Sie müssen stets an den Ratsversammlungen des Königs teilnehmen. Der Text ist hier weitgehend direkt aus der niederdeutschen Ausgabe übersetzt, die »Herrenhöfe« hat Weigere jedoch dazugeschrieben. Man könnte sich nun darüber Gedanken machen, ob er sich einen Groll auf den dänischen Adel bewahrt hatte oder ob Mikkel einfach nur ein Spitzname für böse und durchtriebene Adlige ist.

Im Kopenhagener Nationalmuseum grübele ich (ein Verb, das vom Niederdeutschen *grubeln* abgeleitet ist), was Herman Weigere wohl mit seinem literarischen Lebenswerk wollte. Ich gehe an einem stattlichen Holzritter vorbei, der einen Holzdrachen tötet, komme in einen Saal voller Heiligenbilder und Altartafeln und finde im nächsten Saal unter Gegenständen aus der Reformationszeit Dänemarks die Figur, nach der ich suche. Sie ist enttäuschend klein. Die aus Elfenbein geschnitzte Fuchsfigur ist so groß wie die beiden letzten Glieder meines kleinen Fingers. Sie steht auf den Hinterbeinen und ist mit einer Mönchskutte mit Kapuze und weiten Ärmeln bekleidet. In den Vorderpfoten hält sie ein Kreuz und eine Gebetskette. Die Haltung soll wohl Frömmigkeit ausdrücken, mit gesenktem Kopf und flach angelegten Ohren wie bei einem demütigen Hund, aber der Blick hat etwas Beunruhigendes. Die Augen sitzen tief im Kopf. Der Fuchs sieht aus, als wäre er in Gedanken versunken.

Dieser naturgetreue kleine Fuchsmönch stammt vermutlich aus dem 16. Jahrhundert, also aus Herman Weigeres Zeit. Er wurde bei Ausgrabungen in Kopenhagen gefunden. Ob die Figur direkt vom Fuchsbuch inspiriert wurde oder einfach nur mit der gleichen Symbolik spielt, ist ungewiss. Dennoch wird die Figur heute als ein Angriff auf das Mönchtum interpretiert, und das dänische Nationalmuseum hat die Figur entsprechend neben einem zeitgenössischen Porträt von Martin Luther platziert. Neben der Figur steht zudem ein Krug mit rigorosen protestantischen Motiven: Jesus fällt einen Baum, der mit Gegenständen der katholischen Messe geschmückt ist. Daneben ein

13 *Fuchs in Mönchskutte. Figur aus dem 16. Jahrhundert, ausgestellt im Nationalmuseum in Kopenhagen*

Ungeheuer mit drei Köpfen: ein Papst, ein Teufel und ein Türke (also ein Moslem). Ist der Religionskampf möglicherweise der Schlüssel zum Fuchsbuch? Es enthält mehrere Szenen, die sich über katholische Bräuche lustig machen, und das wurde 1555, als die Reformation so gut wie durchgesetzt war, in Kopenhagen bestimmt goutiert. Dennoch ist das Buch nicht in erster Linie eine protestantische Kampfschrift. Nicht nur bei Weigere, sondern auch in der niederdeutschen Vorlage, aus der er übersetzte, haben die Kommentare einen protestantischen Zuschnitt, doch die eigentliche Geschichte, eingeschlossen die Verspottung der Priester- und Mönchsgestalten, hat Weigere übernommen. Deshalb muss ich weiter nach Süden reisen. In Deutschland will ich nach dem Ursprung der listigen Fuchsgestalt Mikkel, alias Reineke, suchen, die bis heute unseren Blick auf den Rotfuchs prägt und die irgendwann auf die Idee kam, sich als Mönch zu verkleiden.

Als ich dort stehe, das Gesicht so nah an der Vitrine des Nationalmuseums, dass das Glas beschlägt, weil ich der winzigen, geschnitzten Figur in die Augen sehen will, wird mir bewusst, dass das ganze Fuchsbuch ein bisschen so ist wie der Fuchsmönch. Der prinzipienlose Kern der Geschichte wird von einer Moralpredigt umhüllt. Und vielleicht war auch Herman Weigere ein bisschen wie der Fuchsmönch. Denn können wir Weigere wirklich glauben, wenn er im Vorwort behauptet, er sei auf seine alten Tage *dankbar* dafür gewesen, dass ihm all sein Reichtum genommen wurde und er sich auf die Arbeit am Buch konzentrieren konnte? Hielt er den König wirklich für einen so guten Monarchen, wie er schreibt? Oder freute er sich vielleicht darüber, die bedeutenden Männer im Rat des Königs und sogar den König selbst zu täuschen? Immerhin konnte er Christian III., den Diktator, der über Dänemark, Norwegen und einen Teil Norddeutschlands herrschte, dazu bringen, das Erscheinen eines Buches gutzuheißen, das in Wahrheit die Herrschenden auf das Grausamste verhöhnte. Vielleicht bereute Weigere keineswegs die Rebellion seiner Jugend. Vielleicht gab er sich nur so demütig, fromm und loyal, während tief in seinem Inneren ganz einfach der Teufel mit ihm durchging.

Der Fuchs hält die Predigt

Der schlechte Ruf des Fuchses ist uralt. Der Philosoph Aristoteles beschrieb den Fuchs als einen Schmarotzer, der sich auf gemeine Weise unter der Erde versteckt und sich prüfenden Blicken entzieht. »Fuchs« nennt Jesus seinen Widersacher König Herodes, der ihn töten wollte, und in der frühchristlichen Naturlehre »Physiologus« wird der Fuchs ganz einfach dem Teufel gleichgestellt. Diese Ideen prägten die Vorstellungen über den Fuchs im entstehenden Europa. Allerdings gab es auch eine andere literarische Fuchsgestalt, die vor allem durch Äsops Fabeln repräsentiert wird, eine Sammlung kurzer Tiererzählungen, die in den Jahrhunderten vor unserer Zeitrechnung zunächst auf Griechisch aufgezeichnet wurden und in vielen altsprachlichen Gymnasien zum festen Bestandteil des Lateinunterrichts gehören. Hier zeigt der Fuchs eine Form der List, die ebenso amüsant wie beeindruckend ist. Ein gutes Beispiel dafür ist die Fabel, wie er seinen Erzfeind, den Wolf, dazu bringt, dem kranken König Löwe einzureden, es sei am besten für ihn, sich in einen frischen Wolfspelz einzuwickeln. Die kurze und treffende Moral, die jeder Fabel folgt, fordert häufig dazu auf, es dem Fuchs gleichzutun. Ein und dasselbe Tier wird also als ein sympathischer Underdog und als gefährlicher Teufel dargestellt. Held und Schurke in einem. Genau diese Zweideutigkeit ist das Rezept für eine unwiderstehliche literarische Gestalt, und im Mittelalter entwickelte sich die Literatur über den Fuchs zu Geschichten in größerem Format, die lang genug waren, um Bücher zu füllen. Gleichzeitig tauchten die Füchse aus den Fabeln in der kirchlichen Kunst auf.

Die Katharinenkirche der ehemaligen Hansestadt Lübeck ist eine der Kirchen, in der die mittelalterlichen Geschichten über den Fuchs ihre Spuren hinterlassen haben. Das große Backsteingebäude stand damals direkt neben einem Franziskanerkloster. Kirche und Kloster wurden in der ersten Hälfte des 14. Jahrhunderts erbaut und waren ein Zentrum des Franziskanerordens im Ostseeraum, bis die Reformation die Mönche auch aus Lübeck vertrieb. Die Kunsthistorikerin Miriam Mayer vom St.-Annen-Museum, das den Kirchenbau heute betreut, versorgt mich mit einer Taschenlampe, bevor sie mich durch die Kirche führt. Die Taschenlampe überrascht mich. Es ist ein Uhr mittags und Tageslicht fließt durch die hohen Fenster, doch als wir ein paar Stufen hinabgehen und in einen Wald aus Steinsäulen kommen, verstehe ich den Grund. Hier ist es dunkel. Das Tageslicht erreicht die kleinen Deckenwölbungen nicht, aber mit Hilfe der Taschenlampe lässt sich erkennen, dass sich ganz oben in jeder Wölbung ein Relief befindet. Es sind unterschiedliche Motive wie Laubkränze, Blumen und Fabeltiere, und schließlich trifft der Lichtkegel auch auf drei Reliefs, die Füchse zeigen. Sie sind in einem schlechten Zustand. Nicht überraschend, denn sie sind annähernd siebenhundert Jahre alt und stammen ungefähr aus dem Jahr 1335. Trotzdem ist zu erahnen, was sie darstellen. Die drei runden

Reliefs ergeben zusammen eine Art Comicstrip über den Fuchs. Auf dem ersten Relief steht er vor vier Gänsen und predigt. In der Pfote hält er einen Pilgerstab als Symbol der Frömmigkeit. Ich richtete meine Taschenlampe auf die nächste Wölbung und sehe ein neues Motiv, der Fuchs hat jetzt eine der Gänse zwischen den Zähnen. Der Prediger erweist sich also als gieriger Scheinheiliger, und auf dem dritten Relief bekommt er seine Strafe. Zwei Gänse halten jeweils das Ende eines Stricks im Schnabel und ziehen den Fuchs gemeinsam den Galgen hoch.

Kein Zweifel, der Fuchs symbolisiert hier einen verlogenen Priester oder Prediger, doch die Bilder sind älter als Luther und der Protestantismus. Sie müssen als Warnung vor Betrügern innerhalb der Kirche interpretiert werden, vor lasterhaften und unmoralischen Priestern und vielleicht sogar Ketzern, also Vertretern des Teufels persönlich. Ähnliche Bilderserien mit dem Fuchs, den Gänsen und weiteren Motiven des scheinheiligen Fuchses, der sich als besonders religiös ausgibt, finden sich in vielen Kirchen Europas. Vielleicht sind sie eine Variation des biblischen Bildes vom Wolf im Schafspelz und sollen vor falschen Propheten warnen. Auf jeden Fall sieht es so aus, als wäre der Fuchs häufig als Symbol genutzt worden, wenn jemand innerhalb der Kirche seine Gegner kritisieren wollte.

Mitte des 12. Jahrhunderts bekam der Fuchs den Namen Reinardus. Der Autor, der diesen Namen einführte, war vermutlich ein Mönch aus der flämischen Stadt Gent, also im heutigen Belgien, und er schrieb Latein. »Ysengrimus« heißt das lange Gedicht des Mönchs. Große Teile handeln vom Konflikt zwischen dem starken, gefräßigen und einfältigen Wolf Ysengrimus und dem kleinen, aber schlauen Reinardus. Alle Tiere repräsentieren menschliche Laster, aber Ysengrimus ist der größte Dummkopf von allen, und häufig ist es Reinardus, der dafür sorgt, dass der Wolf bekommt, was er verdient. Einige der Episoden sind direkt von Äsops Fabeln inspiriert, andere verraten den nordeuropäischen Ursprung des Gedichts, denn bereits hier findet sich die Geschichte von dem Wolf, der mit dem Schwanz im Eis festfror, nachdem der Fuchs ihn dazu gebracht hatte, mit diesem zu fischen.

Obwohl der Autor Mönch war, kannte er keine Gnade mit den Männern der Kirche. Er verhöhnte Mönche und Priester, und sogar ein beim Namen genannter Papst wird in dem Gedicht abgestraft. Den Verfasser beschäftigte vor allem ein Problem, das in unserer Zeit weit hergeholt zu sein scheint – ihn störte, dass Mönche außerhalb der Klöster Ämter als kirchliche Würdenträger annehmen, also als Bischöfe oder Päpste. Dies war bereits damals durchaus üblich, aber ganz offensichtlich ein kontroverses Thema. Und der Wolf Ysengrimus ist Mönch. Einige der Martern, denen er ständig ausgesetzt ist – inklusive Enthäuten und Prügel –, könnten durchaus mit Blick auf ehrgeizige Mönche geschrieben worden sein, die nach der Bischofswürde strebten, sie betonen den Abscheu des Autors für derartigen Ehrgeiz.

Von 1170 an bekam Reinardus ganz neue Aufgaben, als er zur Hauptperson einer Sammlung von Erzählungen in Versform wurde, die zunächst auf Französisch erschienen und unter dem Titel »Roman de Renart« bekannt wurden. Die Geschichten arbeiten mit dem Stoff des »Ysengrimus« weiter, doch nun geht es nicht mehr um Kirchenpolitik, sondern um das Leben bei Hofe, um die Rechte und die Ehre der Adligen. Der Fuchs, der Wolf und die anderen Tiere sind König Nobles, des Löwen, vornehmste Vasallen. Ein wichtiges Thema ist die skandalöse Affäre zwischen Renart und der Wölfin Hersent, die mit einem gewöhnlichen Seitensprung beginnt, aber in eine

Vergewaltigung ausartet, die hier viel direkter und explizierter geschildert wird als in späteren nordeuropäischen Nacherzählungen. Vielleicht um den Ehemann davon zu überzeugen, dass sie auch beim ersten Kontakt mit dem Fuchs nur eine unfreiwillig Beteiligte war, geht Hersent mit ihrem Mann Ysengrim auf die Jagd nach Renart und wird von diesem erneut vergewaltigt. Als Renart Zuflucht in seinem Schloss sucht, also im Fuchsbau, will die Wölfin ihm dorthin folgen, bleibt aber in einer der engen Öffnungen des Baus stecken. Ihre hintere Hälfte ragt heraus, und Renart ergreift die Gelegenheit. Ysengrim kommt dazu und muss das Ganze mit ansehen. Anschließend geht es weniger darum, wie die Wölfin mit dem Geschehen umgeht, sondern – eigentlich ungeheuerlich – nur noch um Ysengrims Demütigung und Schande und seinen missglückten Versuch, ein Gerichtsverfahren gegen Renart anzustrengen. Eine der komischen Pointen ist, dass Ysengrim die ganze Angelegenheit nur noch schlimmer macht, indem er öffentlich schmutzige Wäsche wäscht.

Der »Roman de Renart« parodiert die höfische Literatur. Die Hauptperson Renart entspricht nicht den ritterlichen Idealen, er ist weder unglaublich tapfer noch treu, sondern ein prinzipienloser Gauner, der sämtliche Regeln bricht und gerade deshalb zum Gewinner wird. Den »Roman de Renart« gibt es in unzähligen Variationen. Es ist kein einheitliches Werk, eher muss man von einem bunten Gemisch an Erzählungen mit einer identischen Personengalerie sprechen. Geschrieben wurden die verschiedenen Fassungen von unterschiedlichen Autoren, die an der Version des ersten Verfassers weiterdichteten. Die Geschichten waren weit verbreitet. Dass der Name Renart in der französischen Sprache noch stärker verankert ist als Mikkel in Skandinavien, ist ein Hinweis darauf, wie populär sie waren. Im mittelalterlichen Französisch heißt der Protagonist »Renart le goupil«, also Renart der Fuchs, aber heute heißt das Tier ganz einfach *renard*.

Reinardus reiste weiter. Die Geschichten wurden ständig neu verpackt, man las sie als Kommentare zu Politik, Religion, Moral oder Sitte, mit variierenden Tendenzen und Wertvorstellungen. In den Niederlanden bekamen die Erzählungen eine eher volkstümliche Form, die Intrigen der ursprünglichen französischen Version waren auch ohne größere Kenntnisse über die Literatur und die Rechtsverhältnisse zu verstehen. Die niederländische »Reynaerts historie« aus dem Jahr 1400 wurde zum Ausgangspunkt vieler Nachdichtungen auf Englisch, Niederdeutsch, Hochdeutsch und nach und nach auch auf Dänisch und Schwedisch, denn vom 15. Jahrhundert an stellte die Kunst des Buchdrucks das europäische Geistesleben auf den Kopf. Lesestoff konnten sich nun viele Menschen leisten, es war kein handgeschriebener Luxus mehr, und die Drucker sahen sich nach guten Geschichten um. Damit trat der smarte, aber schuftige Fuchs seinen Siegeszug nach Nordeuropa an. Lübeck wurde zu einem Zentrum der Buchproduktion, dort erschien 1498 die erste niederdeutsche Ausgabe mit dem Titel »Reynke de vos«. Als Herman Weigere an der dänischen Nachdichtung arbeitete, benutzte er eine revidierte Ausgabe mit neuen Kommentaren, die 1539 in Rostock veröffentlicht worden war.

Weigere ließ sein Fuchsbuch bei dem Buchdrucker Jürgen Richolff in Lübeck drucken. Als ich vor dem Haus stehe, in dem Richolff seine Wohnung und Werkstatt hatte, versuche ich mir den Lärm und das Leben rund um die Druckerei vorzustellen, als dort die einzelnen Seiten für das Buch gedruckt wurden. Auf dem Weg durch die Altstadt summe ich das deutsche Kinderlied »Fuchs, du hast die Gans gestohlen«. An das Lied werde ich ständig erinnert, denn wirklich jeder Deutsche stimmt es an, wenn ich erwähne, dass ich mich für die Kulturgeschichte des Rotfuchses interessiere. Der Text des Liedes entstand im 19. Jahrhundert und erklärt, dass es nicht ratsam ist, den Fuchs die Gänse hüten zu lassen. Sprichwörter mehrerer anderer Sprachen geben einen ähnlichen Rat, und vielleicht hat sich darin ja ein Rest der mittelalterlichen Fuchsgestalt erhalten.

Die Fuchsdichtung ist in hohem Maß eine lebendige Tradition. Die aufgeschriebenen Erzählungen über Reinardus setzen sich in den unterschiedlichsten Formen bis in unsere Zeit fort. Die skandinavische Variante, in der der Fuchs zu Mikkel Rev wird, ist bloß eine der vielen Verzweigungen. Ende des 18. Jahrhunderts erreichte Johann Wolfgang Goethe mit seiner 1794 erschienenen hochdeutschen Nachdichtung »Reineke Fuchs« ein großes Publikum, so wie heute zum Beispiel Roald Dahl mit seinem weltberühmten Bilderbuch »Der fantastische Mr. Fox«, dessen Protagonist mit einer gehörigen Portion von Reinekes Charakter ausgestattet ist.

Reineke – oder Reynard the Fox, wie er auf Englisch heißt – wäre im 20. Jahrhundert fast zu einer Hauptperson in einem von Disneys Zeichentrickfilmen und einem Kollegen von Schneewittchen und Aschenbrödel geworden. Walt Disney war in den 1930er Jahren von der Figur fasziniert, hatte aber Bedenken. »Wir machen einen Schurken zur Hauptperson. Davor habe ich Angst«, erklärte er. Das Projekt wurde zu den Akten gelegt. Die bereits gezeichneten Figuren wurden dann 1973 für die Personengalerie des Zeichentrickfilms über Robin Hood recycelt. So erlebten Millionen von Kindern den Fuchs, der eigentlich Reinardus werden sollte, als englischen Rebellen und Dieb mit sozialer Gesinnung.

Reinardus trägt also eine gewisse Verantwortung. Denn wenn wir einem Rotfuchs begegnen und uns im ersten Moment nur Adjektive wie listig und schlau einfallen, liegt es wohl eher an den Geschichten, die wir aus alten und neuen Büchern kennen und weniger an unseren Begegnungen mit einem lebendigen Tier.

Winter, die dunkle Jahreszeit

Zu Hause ist ein wenig Schnee gefallen, und der Fuchs schnürt allein durch die immer länger werdenden Nächte. Wenn ich ihn sehe, dann in Schwarzweiß. Direkt vor dem Waldrand an der Wiese habe ich drei Wildkameras installiert, die zum Leben erwachen, wenn sich in ihrem Blickfeld etwas bewegt. Oft wird die Kamera von einem Reh, einem Eichhörnchen, einem Elch, einem Dachs, einem Vogelschwarm oder ein paar schaukelnden Zweigen ausgelöst, selten genug kommt der ersehnte Fuchs vorbei. In der Novemberdunkelheit liefern die Wildkameras gespenstische Aufnahmen mit Hilfe der Nachtfunktion. Wenn der Fuchs sich der Kamera zuwendet, sehen die reflektierenden Augen aus wie zwei weiße Lichter. Zu dem alten Bau mit den zwei Öffnungen kommt eine Katze, uriniert und wird bei Tageslicht von dem Farbfilm festgehalten. In der Nacht taucht der Gespensterfuchs auf und schnüffelt an der Katzenpisse, bevor er selbst das Hinterbein hebt und dieselbe Stelle markiert. Das ist ein seltener Höhepunkt. Alles in allem bin ich enttäuscht, wie wenig Einblick mir die Kameras in das

Fuchsleben liefern, aber die richtige Platzierung für die Kameras zu finden, ist vermutlich eine Kunst, die zu perfektionieren es Jahre braucht.

Im Januar jagt ein Fuchs einen anderen in einem wilden Tempo den Wildwechsel entlang, wo eine der Kameras steht. Die Paarungszeit nähert sich. Nach den einsamen Wochen des Herbstes sind die Füchse besonders aneinander interessiert, als Rivalen wie als Partner, und die Winternächte hallen von Gebell und Schreien wider. Einige Wochen nach der Jagd über den Wildwechsel fängt die Kamera einen Fuchs ein, der im Wald steht und bellt: wow-wow-wow-wow-wow, hell, heiser und einem Vogel nicht unähnlich. Das gleiche Geräusch höre ich an einem mondhellen Abend, an dem ich draußen am Waldrand sitze und mir die Nase abfriere. Beide Male ist keine Antwort zu hören, aber nach dem, was ich gelesen habe, benutzen die Füchse diese Laute, um Kontakt zu halten; während sie sich einander nähern, bellen sie häufig abwechselnd. Die unheimlichen Schreie, die im Winter zu hören sind, sind sogar noch deutlichere Hinweise auf die Paarungszeit. Vermutlich schreien Füchse, um ihren Partner anzulocken. Sie schreien auch, wenn es Konflikte gibt, und während der eigentlichen Paarung herrscht bei ihnen ein gewaltiges Spektakel.

Die Brunst wird vom Anbruch der Jahreszeit ausgelöst, also von den veränderten Licht- und Wetterverhältnissen. Weiter südlich in Europa kann die Paarung bereits im Januar stattfinden. Bei uns hier oben im Norden geschieht es meist im Februar oder März. Die Läufigkeit der Fähe dauert ungefähr drei Wochen, aber sie ist nur drei Tage empfänglich für die eigentliche Befruchtung. In dieser Zeit muss es passieren. Solange sie läufig ist, passt der Rüde, so gut er kann, auf seine Partnerin auf. Trotzdem kommt es vor, dass sie sich mit einem Nachbarn oder einem umherstreifenden Fuchs paart, dann kann es passieren, dass die Welpen aus einem Wurf unterschiedliche Väter haben. Sowohl die Fähe wie der Rüde verspritzen als Duftsignal für andere Füchse in der Paarungszeit besonders viel Urin. Manchmal sind parallele Spuren zu sehen, wenn ein Fuchspaar nebeneinander gegangen ist, oder Hinweise, dass sie im Schnee gespielt haben.

Das Werben der Füchse wird von dem britischen Zoologen David Macdonald detailliert geschildert. Sein Buch *Running with the Fox* aus dem Jahr 1987 enthält wirklich großartige Augenzeugenberichte vom sozialen Leben der Füchse in Gefangenschaft und in der freien Wildbahn. Eine Serie von Fotos zeigt zwei werbende Füchse. Sie umkreisen sich im Schnee, springen sich an, stellen sich gegeneinandergelehnt auf die Hinterbeine, mit offener Schnauze und angelegten Ohren. »Die Haltung beweist eine unruhige Mischung aus Verspieltheit und Aggression«, heißt es in der Bildunterschrift. An einer anderen Stelle im Buch wird der Auftakt zur Paarung bei einem Fuchspaar in einem großen Gehege beschrieben. Als der entscheidende Augenblick sich näherte, wurde der Rüde zu einem engen Begleiter der Fähe. Schlief sie, unternahm er rastlose Ausflüge, kam aber mindestens alle drei Minuten zurück, um zu überprüfen, wie es um sie stand. Manchmal legte er sich auch neben sie, so nah, wie sie es erlaubte, und behielt sie dabei ständig im Auge. Streifte sie umher, lief er dicht hinter ihr. Kam er ihr zu nahe, verjagte sie ihn mit geöffneter Schnauze und scharfen Geräuschen, aber sie gestattete ihm immer mehr, und schon bald lag eine vorsichtige Vorderpfote auf ihrem Hinterteil, doch da verlief vorläufig die Grenze. Während der Rüde sich so intensiv mit seiner Partnerin beschäftigte, war die Stimmung unter den vier jüngeren Fähen des Geheges, den erwachsenen Töchtern des Vorjahreswurfs, regelrecht ausgelassen. Sie bestiegen sich gegenseitig, hin und wieder auch Mutter und Vater, klammerten sich an ihnen fest und versuchten, auf ihnen zu reiten, obwohl sie auf aktiven Widerstand trafen. Schließlich kam es zum Kampf. Das Spiel konnte innerhalb von Sekunden in regelrechte Aggression umschlagen. Während zwei der Jungfähen kämpften, ergriff die dritte Tochter die Gelegenheit, eine der Kämpfenden zu besteigen. Macdonald berichtet, dass trotz der allgemeinen Ausschweifungen im Fuchsgehege in den Stunden vor der Paarung lediglich die dominierende Fähe befruchtet wurde.

So ist es oft: Wenn Füchse in erweiterten Familiengruppen mit mehreren ausgewachsenen Tieren leben, egal ob in Gefangenschaft oder in freier Wildbahn, bekommt häufig die dominierende Fähe die Welpen. David Macdonalds Studien deuten darauf hin, dass der Rüde kein Interesse an den untergeordneten Fähen zeigt. Das kann entweder daran liegen, dass sie nie läufig waren oder dass sie daran gehindert wurden, es zu zeigen. Ob die anderen durch das dominante Verhalten der Fähe zurückgehalten werden oder möglicherweise durch die Duftstoffe, die sie aussendet, ist nicht bekannt.

Es kommt vor, dass eine untergeordnete Fähe in einer Familiengruppe trotz alledem läufig wird, sich paart und im gleichen Frühjahr Welpen bekommt wie die dominante Fähe. Man sollte meinen, dass durch die Familienstruktur der Füchse, in der die jungen Fähen häufig im Heimatrevier der Eltern bleiben, Inzucht weit verbreitet ist, wenn der dominante Rüde sich mit seinen Töchter paart. Gentests an Füchsen, die in einem Wohnviertel am Rande von Bristol vorgenommen wurden, erzählen jedoch eine andere Geschichte. Es konnte durchaus vorkommen, dass sowohl die Fuchsrüden wie die Fähen Welpen mit ihren eigenen Nachkommen zeugten, aber das war die Ausnahme. Und auch wenn die untergeordneten Mitglieder der Familiengruppe häufig Töchter der dominanten Fähe waren,

14 Zwei Rotfüchse im Winterpelz stehen auf den Hinterbeinen und kämpfen; die Schnauzen weit aufgerissen, fletschen sie drohend die Zähne. Das Foto wurde im Tierpark Bjørneparken in Flå aufgenommen

so waren sie, wie sich herausstellte, selten Nachkommen ihres Partners, also des dominierenden Rüden. Dies konnte zwei mögliche Ursachen haben: Zum einen hatte die Fähe vermutlich in früheren Jahren Seitensprünge mit einem anderen Rüden, zum anderen hatte sie in der Zwischenzeit ihren Partner gewechselt, ganz einfach, weil der alte Partner gestorben war. Wilde Füchse haben kein langes Leben.

Die eigentliche Paarung vollzieht sich ungefähr so wie bei Hunden. Wenn die Fähe signalisiert, dass sie bereit ist, besteigt der Rüde sie. Sein Penis schwillt in ihr an, sodass beide nach seiner Ejakulation miteinander verbunden bleiben. Dieser Zusammenschluss kann ein paar Minuten, bisweilen aber auch mehr als eine Stunde dauern. Während sie im Schritt zusammenhängen, klettert der Rüde hinunter und hebt ein Bein über ihr Hinterteil, sodass sie einander abgewendet dastehen, um sich besser verteidigen zu können, sollte es notwendig sein. Eine Haltung, die der Schriftsteller Kjell Askildsen bei Straßenhunden in Griechenland beobachtet hat und als ein unvergessliches Bild einer schmerzhaften Ehe bezeichnet, die noch Jahre andauert, auch wenn die Liebe längst erloschen ist. Auch Hunden und Füchsen scheint dieser Zusammenschluss unangenehm zu sein. So, wie die Fähe sich benimmt, darf man annehmen, dass die Verbindung schmerzhaft ist. Man fragt sich, ob dem einzelnen Rüden bewusst ist, was geschieht – ich glaube, das weiß niemand –, aber die lang andauernde Verbindung erhöht vermutlich die Chance, dass seine Spermien die Eierstöcke der Fähe befruchten – unter anderem dadurch, dass er buchstäblich den »Zugang« für andere Bewerber blockiert.

Fütterung im Tierpark

Wir sind vier, fünf kleine Familien, die sich an einem schönen Februartag in den Winterferien um ein Uhr mittags am Tor zum Fuchsgehege im Bärenpark in Flå treffen. Bevor wir hineindürfen, erklären uns die Tierpfleger, dass die Füchse von der anstrengenden Paarungszeit geprägt seien. Daher könnte es sein, dass sie keine besondere Lust auf Futter haben und uns nicht aus der Hand fressen werden, obwohl wir genau deshalb gekommen sind. Tatsächlich ist die einzige Fähe, die hier lebt, sterilisiert, und der Rüde im Gehege ist der Vater von ihr und ihren drei Brüdern. Trotzdem wüten die Hormone. Manchmal zeigen sich auch wilde Füchse vor den hohen Metallzäunen.

Nachdem wir die Sicherheitsschleuse mit zwei Toren passiert haben, setzen wir uns in einem Halbkreis zusammen, Erwachsene und Kinder, und schauen auf einen jungen Mann, der im Schnee steht und das Ritual erklärt, an dem wir teilhaben wollen. Sein Kollege teilt Einweghandschuhe aus. Wir streifen sie über, danach werden Eimer mit blutigen Fleischstücken herumgereicht, und jeder versorgt sich mit einem Stück von der

Leber eines Elches, der bei einem Autounfall getötet wurde, während die fünf Rotfüchse den Platz umkreisen, nachdem sie von ihrem Ruheplatz unter den Kiefern herangelaufen sind. Sie beobachten uns mit wachsamen, gelbbraunen Augen, einige eher musternd, andere grimmig und selbstsicher. Bedrohlich wirken sie nicht. Aber sie unternehmen auch keinen Versuch, sich einzuschmeicheln, es gibt keine bettelnden Augen oder schräggelegten Köpfe. Die Füchse versuchen ganz einfach herauszufinden, von wo das Futter kommen wird, und sie würden sofort zurückweichen, wenn jemand von uns sich abrupt bewegt oder nach ihnen greifen würde. Wir tun, was man uns gesagt hat, und halten den Fleischbrocken in der geschlossenen Hand am Körper, bis der Tierpfleger bis drei zählt. Dann strecken wir gleichzeitig die Hände aus und laden die Füchsen ein, sich aus unserer flachen, geöffneten Hand zu bedienen. Auf diese Weise bekommen alle etwas und kein Finger landet unglücklich in der Schnauze eines Fuchses.

Die Füchse tragen ihren langen, kupferroten Winterpelz. Das längste Fell hat der älteste Fuchs, der Vater der anderen Tiere. Er lebte ursprünglich auf einer Pelztierfarm. Seine Tochter und seine drei Söhne, alles gutgebaute Tiere, sind Nachkommen einer in Freiheit geborenen Fähe, die nicht mehr lebt.

Einer der jungen Rüden kommt angelaufen und schnappt sich meinen schwarzroten Leberhappen. Als er den Kopf vorstreckt, legt er die Ohren an. Schon bald kommt er zurück, um das Blut von meinem Einweghandschuh zu lecken. Durch das Gummi spüre ich die Wärme seiner weichen Zunge. Um uns herum kommt es zu kleinen Rangeleien, wenn die Füchse sich zu nahe kommen, sie signalisieren es mit leisen Geräuschen und mit ihrer Körperhaltung, die sehr der Hundesprache ähnelt. Der Selbstsichere läuft mit durchgedrückten Beinen, Schwanz und Ohren sind aufgerichtet. Der Ängstliche und

Untergeordnete krümmt sich zusammen und legt Ohren und Schwanz an.

Kurz vor Ende unseres Besuchs geschieht etwas Unerwartetes zwischen der Fähe und einem ihrer Brüder, wir hören eine rasche Serie von Tönen, die überhaupt nicht Hundegebell ähneln, es klingt eher nach aufgeregten Affen oder dem Kakeln großer Vögel. *Keckern*, denke ich. Das Wort ist ein alter deutscher Begriff aus der Jägersprache und bezeichnet laut Wörterbuch die stoßweisen Laute von Füchsen und Mardern. Ich kenne den Begriff durch den Verhaltensforscher Günter Tembrock, der in seinem Labor im Berlin der Nachkriegszeit Rotfüchse hielt und einen detaillierten Katalog über deren Verhaltensmuster und ihr Lautrepertoire erarbeitet hat.

Die Fähe jagt den Rüden vom Futterplatz. Im Blaubeergebüsch stellen sich die beiden auf die Hinterbeine und stützen sich mit den Vorderpfoten auf dem Oberkörper des Gegenübers ab. Ein Ringkampf im Stehen, ein hitziger Paartanz. Die Haltung der Füchse erinnert an den Ausdruck »sich gegenseitig auf den Zahn fühlen«, denn beide Tiere haben die Schnauze aufgerissen. Sie stehen genauso da wie auf Tembrocks mehr als sechzig Jahre alten Skizzen und Schwarzweißfotos.

15 *Ein Fuchs aus dem Tierpark sucht den Kontakt mit den Besuchern. Langedrag-Naturpark im Februar*

16 *Verspielter Rotfuchs versucht, einem Besucher des Langedrag-Naturparks die Mütze zu stehlen*

Der Mann mit den Füchsen

Günter Tembrock (1918-2011) fand mehr über das Verhalten des Rotfuchses heraus als jeder andere vor ihm. Unter seinen Fachkollegen wurde er »der Mann mit den Füchsen« genannt. Als junger Zoologe gelang es ihm 1948, ein Institut für Verhaltensforschung an der Berliner Humboldt-Universität einzurichten, die damals in der sowjetisch besetzten Zone lag. Dass er und sein Institut ausgerechnet mit Füchsen arbeiteten, war Zufall. Das erste Tier, das sie erhielten, war eben ein Rotfuchs, erklärte er dem älteren Verhaltensforscher Konrad Lorenz in einem Brief.

Der Fuchs war ein Welpenrüde namens Putzi, der im Frühjahr 1948 in Thüringen geboren worden war. Schon bald bekam Putzi Gesellschaft – die Füchse kamen nicht nur aus dem östlichen Deutschland, sondern auch aus der Tschechoslowakei und sogar aus fernen Gegenden der großen Sowjetunion. Der Kalte Krieg war ausgebrochen. Die Humboldt-Universität lag in dem Teil Berlins, der zur Hauptstadt der am 7. Oktober 1949 gegründeten DDR wurde, Günter Tembrock war einer ihrer Bürger. Zu diesem Zeitpunkt standen bereits sechs Rotfüchse unter seiner Aufsicht, und nach einigen Jahren Arbeit konnte Tembrock seine Ergebnisse publizieren. Sein Katalog über die Verhaltensmuster der Rotfüchse beschrieb, wie die Tiere gingen, standen, liefen, sprangen, jagten, fraßen, ausschieden, ruhten, spielten, kämpften und sich vermehrten. Außerdem lieferte er eine detaillierte Übersicht über die Körpersprache und das Lautrepertoire der Füchse.

Tembrock identifizierte im Labor vierzig verschiedene Laute. Diese gruppierte er in eine kleinere Anzahl von Haupttypen. Die Füchse machen »uff-uff«, schrieb Tembrock in einem Versuch, den Inhalt der Tonbänder zu vermitteln, und »hiiiiiiiii« und sogar »hau-au-au-au-au«.

Mit dem Einsatz eines Tonbandgeräts war Tembrock der internationalen Entwicklung voraus. Seine Analysen der Fuchsstimmen waren eine Pioniertat auf dem Fachgebiet Bioakustik, also dem Studium der Tierlaute. Auf der Internetseite tierstimmenarchiv.de kann heute jeder Tembrocks Füchse hören – zusammen mit Tausenden anderer Tierlaute aus seiner Sammlung. Britische Wissenschaftler veröffentlichten 1990 eine neue Analyse über das Lautrepertoire der Rotfüchse. Sie studierten die Aufnahmen wilder Füchse und beschrieben die Laute mit weniger Einfühlungsvermögen als Tembrock, dafür aber mit neuen und technisch avancierteren Methoden. Ihre Ergebnisse deckten sich in hohem Maß mit Tembrocks Analysen. Sie identifizierten zwanzig deutlich unterschiedene Einzellaute. Füchse kombinieren häufig diese Grundlaute, wenn sie untereinander kommunizieren, oder wiederholen sie in Serien. Wie Hunde und Menschen nuancieren sie ihre Signale, indem sie die Laute genau variieren, also durch Unterschiede in der Lautstärke, der Stimmlage, der Dauer und so weiter.

Dennoch machen Laute nur einen kleinen Teil der Sprache

des Fuchses aus. Die reiche Körpersprache, die Tembrock in sorgfältigen Strichzeichnungen skizzierte, erlaubt es den Füchsen, unter anderem Verspieltheit, Aggression, Selbstsicherheit, Überlegenheit, Unterwürfigkeit und Furcht zu signalisieren. In vielem ähnelt ihre Körpersprache der von Wölfen und Hunden, doch es gibt Unterschiede: Als die beiden Füchse im Bärenpark in einem hitzigen Paartanz aufeinander losgingen, knurrten sie nicht wie Hunde. Die drohende Grimasse, wenn diese die Oberlippe zurückziehen, um die Zähne zu blecken, gibt es im Mienenspiel der Füchse nicht. Spätere Forschungen mit anderen Arten der Hundefamilie, die auf Tembrocks Arbeiten aufbauten, deuten darauf hin, dass das Knurren eine Eigenart ist, die sich mit dem Zweig der Wölfe aus dem Stammbaum der Hundeartigen entwickelt hat, nachdem die Gruppe der Füchse sich bereits von ihnen getrennt hatte. Füchse benutzen eine andere Methode, um sich gegenseitig die Zähne zu zeigen. Sie reißen ganz einfach die Schnauze auf.

Körpersprache und Laute sind die Signale, die wir Menschen am leichtesten erkennen. Die Füchse selbst senden und empfangen auch noch auf einem anderen Kanal, auf dem wir aufgrund unserer von Natur aus schlechteren Ausstattung nicht empfangen können, denn Füchse leben – wie Hunde – in einer Welt von Gerüchen. Auffallend ist ihr Interesse, an Schnauzen und Hinterteilen zu schnüffeln, außerdem an Urin und Kot, der von anderen Füchsen hinterlassen wurde. Unter mehreren charakteristischen Schnüffelposituren bei Füchsen identifizierte Tembrock eine, die er das Violschnüffeln nannte. Es weist nicht etwa auf ein besonderes Interesse für Veilchen oder Blumen hin, sondern auf das Schnüffeln an der sogenannten Viol- oder Schwanzdrüse, einer Duftdrüse, die an der Oberseite des Fuchsschwanzes sitzt, ungefähr sieben Zentimeter von der Wurzel entfernt. Man erkennt sie an der dunkleren Partie der Schwanzhaare. Sie sondert Talg mit einem markanten Duft ab, der angeblich an den Duft von Veilchen erinnert. Der Fuchs hat außerdem Geruchsdrüsen an der Analöffnung, im Gesicht und an den Pfoten. Niemand weiß, welche Signale die Füchse sich gegenseitig mit diesen Drüsen senden können. Wir wissen aber, dass Füchse, wenn sie aufeinandertreffen, mit einem auffälligen Schwanzwedeln reagieren – das nicht wirklich dem Schwanzwedeln eines Hundes entspricht –, dabei verteilen sie vermutlich zusätzlich zu den visuellen Signalen, die wir relativ leicht erkennen können, Duftmeldungen. Mit ihrem Urin und Kot markieren sie unter anderem die Grenzen eines Territoriums, locken in der Paarungszeit Partner an oder kennzeichnen damit vergrabenes Futter. Manchmal parfümieren sie auch ihren Kot mit einem Sekret der Analdrüsen. Wir glauben, sie haben ihre Gründe.

Tembrocks Füchse lebten in Gruppen und agierten gemeinsam unter Beobachtung der Wissenschaftler, allerdings geschah es weitab von ihrer natürlichen Umgebung, in einem Labor. Bei einzelnen Verhaltensmustern, die Tembrock beschrieb, hatte es den Anschein, als versuchten die Tiere in einer Umgebung, die kaum dazu einlud, ihre natürlichen Verhaltensweisen auszuleben. Sie kratzten mit ihren Vorderpfoten an den harten Wänden und dem Boden oder scharrten in der dünnen Schicht aus Stroh. Tembrock beobachtete den Rüden Jupp, wie er bei seinen konzentrierten, aber sinnlosen Grabungsversuchen sogar seine Welpen verjagte, weil er sich durch sie gestört fühlte. Jupp versteckte auch immer wieder Futter unter der Strohschicht auf dem Boden. Als er in einen Käfig mit einem glatten Steinboden kam, deckte er das Futter mit einem großen Knochen zu. Die Fähe Fiffi versuchte häufig, Futter zu horten, indem sie einzelne Happen unter den Rand des Wassernapfes schob oder den Futternapf über das Fleisch zog. Mit dem Ergebnis, dass sie den ganzen Napf samt Futter über den Boden schob. Manche Füchse liefen hektisch mit einem Bissen im Maul herum, um ihn irgendwo zu deponieren, und wenn es nur das Fensterbrett oder eine ungeschützte Ecke war. Einmal entdeckte das Personal, dass einer der Füchse die Milchschale mit Stroh bedeckt hatte. Der Drang, Futter zu lagern, war kurz gesagt auffallend.

Nachdem Tembrock die Ergebnisse seiner Arbeit veröffentlicht hatte, nahm die Geschichte seiner Forschungen eine sonderbare Wendung. Es sieht so aus, als hätten die Machthaber der DDR den Daumen gesenkt. Als 1961 die Berliner Mauer gebaut wurde, war es auch mit Tembrocks Beitrag zur internationalen Forschung vorbei. In den 1950er Jahren war ein ungehinderter Reiseverkehr zwischen Ost- und Westberlin noch möglich, und Tembrock traf Fachkollegen auf Konferenzen im Westen und publizierte in westlichen Zeitschriften. Nun verlor er viele dieser Kontakte. Doch Tembrock erlebte auch eine direkte Behinderung seiner Arbeit. Es ging nicht nur darum, dass ein Brief nicht befördert wurde oder Bücher und Tonbänder auf verdächtige Weise aus seinem Büro verschwanden. Kurz nach seiner Ernennung zum Professor wurde es Tembrock verboten, Doktoranden als Doktorvater zu begleiten – eine selbstverständliche Aufgabe für einen Universitätsprofessor. Das Institut für Verhaltensforschung, das er leitete, sollte aufgelöst werden, Tembrock wurden neue Aufgaben zugewiesen. Er selbst glaubte, dass bestimmte Personen in der Parteileitung der SED ihn an seiner Arbeit hindern wollten. Tembrock versuchte, so gut er konnte, am Universitätsbetrieb festzuhalten. Er begann mit angewandter Forschung an Blindenhunden und kam einigermaßen zurecht. In den 1980er Jahren wurde er durch eine Serie von Tiersendungen im ostdeutschen Fernsehen bekannt –

natürlich gab es darin auch eine lange Folge über den Fuchs. Blickt man zurück auf Tembrocks Arbeit in der Nachkriegszeit, fragt man sich, warum um alles in der Welt die Fuchsforschung plötzlich politisch problematisch gewesen sein soll.

Nun ist es ja so, dass Füchse symbolhaft für den menschlichen Charakter stehen. Sie predigen zu den Gänsen oder hauen den König übers Ohr. Fürchteten die Machthaber in der DDR etwas Ähnliches? Dass die Menschen auf dumme Gedanken kommen könnten? Oder passte die genetische Vorherbestimmung dieser Tiere ganz einfach nicht ins politische Weltbild der marxistisch-leninistisch verankerten Lehre der herrschenden Partei?

In den Nachkriegsjahren war Tembrock Teil der internationalen Forschergemeinschaft, von der die Fachrichtung Ethologie entwickelt wurde, die Lehre vom natürlichen Verhalten der Tiere. Zu seinen Fachkollegen gehörten die späteren Nobelpreisträger Nikolaas Tinbergen, Karl von Frisch und Konrad Lorenz. Die Ethologen beschäftigten sich unter anderem mit Instinkten, also den angeborenen Verhaltensmustern. Instinktives Verhalten ist häufig typisch für Arten. Es wird ausgelöst durch bestimmte Stimuli, ohne dass das Tier lernen muss, wie es sich zu verhalten hat. Klopft man zum Beispiel mit dem Stift oder einer Fingerspitze in der Nähe von frisch geschlüpften Hühnerküken auf den Boden, kommen sie angelaufen und fangen an, zum ersten Mal nach Futter zu picken. Sind die Küken bei der Mutter, picken sie dort, wo die Henne pickt. Generell interessierten sich die Ethologen für das besondere Verhaltensrepertoire der verschiedenen Arten, das sowohl ausgeprägte Instinkte umfasst als auch bestimmte Verhaltensmuster, die in weit größerem Maß gelernt und eingeübt werden müssen. So fanden sie unter anderem heraus, dass Füchse Futter verstecken und in aufrechter Position miteinander kämpfen.

Europäische Ethologen lagen lange im Streit mit amerikanischen Verhaltensforschern, die sich eher mit der Lernfähigkeit der Tiere als mit ihren Instinkten beschäftigten und größeres Gewicht auf das legten, was bei unterschiedlichen Arten identisch ist. Diese sogenannten Behavioristen hielten sich in den USA am liebsten an einige wenige, wohlerprobte Versuchstiere wie Ratten und Tauben. Die europäischen Ethologen hingegen studierten weit mehr Tierarten, und Tembrock war einige Jahre ihr Fuchsspezialist gewesen.

Nach Tembrocks Tod 2011 hielt der Anthropologe Wulf Schiefenhövel an der Berliner Humboldt-Universität eine flammende Rede zur Erinnerung an den Wissenschaftler. Schiefenhövel hatte folgende Erklärung für Tembrocks Schwierigkeiten: Die herrschende Ideologie im Ostblock besagte, dass der Mensch formbar sei, dass man aus ihm alles machen könne. Dass unsere Art keine wirklich festgelegte Natur hätte und man nur die Gesellschaft ändern müsse, um einen ganz neuen Menschen zu schaffen. Der Gedanke eines natürlichen und in hohem Maße angeborenen Repertoires von Verhaltensmustern bei jeder Art hätte mit Blick auf unsere eigene menschliche Natur durchaus gefährlich sein können. Schließlich war auch der Mensch in gewisser Hinsicht ein Tier. Sicherer war es, sich an den Glauben zu halten, dass wir und andere Tiere wie unbeschriebene Blätter sind, die nach Belieben ausgefüllt werden können. Dieser Ansicht war man in der Nachkriegszeit sowohl in den USA als auch in der Sowjetunion. Im Osten hielt man sich gern an eine vereinfachte Interpretation des russischen Mediziners Iwan Pawlow, der Hunde zum Sabbern brachte, sobald die Futterglocke klingelte. Kurz gesagt, man wollte darüber reden, was Menschen und andere Tiere lernen konnten, aber nicht darüber, welche Neigungen und Instinkte sie von Geburt an hatten.

Vielleicht war es dieser Glaube an die grenzenlose Formbarkeit des Menschen, dass man sich durch Tembrock und sein Interesse an »artentypischen Verhaltensformen« bei Füchsen und anderen Tieren bedroht fühlte. Möglicherweise fürchtete die Partei, dass der nächste Schritt ein Verhaltenskatalog für Menschen wäre, allerdings mit einem Inhalt, der den Ideologen nicht gefallen konnte. Einigen seiner Leser mag es mit Tembrocks Berichten über die Rotfüchse Putzi, Fiffi und Jupp auch so ergangen sein wie einst mit den Geschichten über Reineke und Mikkel: Die Protagonisten waren tatsächlich Füchse. Aber die Geschichten handelten von der menschlichen Natur.

Eine erfolgreiche Art

Das Verhaltensrepertoire des Rotfuchses ist in Kombination mit seinem geschmeidigen Körper ein Erfolgsrezept der Natur. Die Evolution hat den Fuchs zu einem flexiblen Tier geformt, das seine Fressgewohnheiten beispielsweise den unterschiedlichen Umweltsituationen anpassen kann. Diese Anpassungsfähigkeit kommt ihm besonders jetzt zugute, im Zeitalter des Menschen, denn der Rotfuchs gehört zu den glücklichen Arten, die in der Hauptsache Nutzen aus der Veränderung der Umwelt durch den Menschen ziehen.

In Nordeuropa leben heute vermutlich mehr Füchse als je zuvor. In Norwegen lässt sich die Vermehrung des Bestands an der Jagdstatistik ablesen. Von 1880 bis 1932 wurden im größten Teil des Landes Abschussprämien für Füchse gezahlt, da der Fuchs als Schädling galt. Gleichzeitig erhielten die Jäger gutes Geld für die Pelze. Also wurde der Fuchs intensiv bejagt. Der Rekord lag 1904 bei ungefähr dreizehntausendfünfhundert geschossenen oder in Fallen gefangenen Tieren. Nach dem Zweiten Weltkrieg hat die Zahl stets höher gelegen, die Jäger haben im Schnitt rund zwanzig- bis dreißigtausend Tiere pro Jahr erlegt. In den 1980er Jahren verringerte sich die Abschussquote durch den Ausbruch der Fuchsräude. Dies erwies sich allerdings als ein temporäres Phänomen, die erhöhten Abschusszahlen der letzten Jahrzehnte sind ein verlässlicher Anhaltspunkt dafür, dass sich der Bestand des Rotfuchses insgesamt wieder erholt hat.

Eine der Ursachen für die Erholung des Bestandes seit dem Zweiten Weltkrieg ist der Zuwachs an Geweihträgern. Alles in allem war es für den Fuchs durchaus von Vorteil, dass große Raubtiere wie Wölfe, Luchse, Bären und Vielfraße verschwunden sind. Diese vier großen Raubsäugetiere sind im größten Teil Skandinaviens seit Mitte des 20. Jahrhunderts ausgerottet, bis heute gibt es von ihnen nur noch wenige Exemplare. In Gebieten, in denen noch einige dieser großen Raubtiere vorkommen, reißen sie gern Rotwild und hinterlassen Kadaver, die dem Fuchs zu einer Mahlzeit verhelfen können. Allerdings muss er vorsichtig sein, denn Wölfe und Luchse können Füchse töten – entweder um einen lästigen Konkurrenten loszuwerden oder ganz einfach, um ihn zu fressen.

Es gibt mehrere Erklärungen für die starke Vermehrung der Füchse. Durch das wärmere Klima mit weniger Schnee wurde es für den Fuchs einfacher, Futter zu finden. Die veränderte Nutzung des Waldes im 20. Jahrhundert, bei der große Flächen abgeholzt wurden, erleichterte vermutlich die Jagd auf Feldmäuse. Und die erhöhte Bevölkerungszahl und der allgemeine Wohlstand bieten dem Fuchs zudem die Möglichkeit, sich von Essenabfällen aus Haushalten und Restaurants zu ernähren.

Der Fuchs ist ein geheimnisvolles Tier. Wie viele Individuen der Bestand genau umfasst, weiß niemand, weder in Norwegen noch sonst irgendwo. Es wird vermutet, dass es in Norwegen im Frühjahr und Frühsommer, wenn der jährliche Wurf zur Welt gekommen ist, knapp zweihunderttausend ausgewachsene Tiere und Welpen gibt. Bis zum nächsten Frühjahr reduziert sich der Bestand an jungen und ausgewachsenen Füchsen wieder. Einige werden erschossen oder sterben an Hunger und Krankheiten, andere werden von größeren Tieren getötet.

Nachdem der Mensch einen immer größeren Fußabdruck auf dem Planeten hinterlässt, besteht die Gewinnerstrategie für andere Arten darin, sich dem Leben mit uns Menschen so gut wie möglich anzupassen. Aufgrund seiner Fähigkeit, sich umzustellen und die Ressourcen einer sich verändernden Umwelt zu nutzen, ist der Fuchs dabei ausgesprochen erfolgreich. Doch bekanntlich ist alles relativ. Anderen Raubsäugern ist diese Anpassung noch besser gelungen, denn allein in Norwegen gibt es rund eine halbe Million Hunde und noch mehr Katzen. Beide Arten sind deutlich zahlreicher als der Rotfuchs. Auch wenn die flexible Überlebensstrategie des Fuchses bisher aufgegangen ist, hat es sich doch als zukunftsorientierter erwiesen, sich auf das Zusammenleben mit dem Menschen zu spezialisieren und als privilegierte Gäste, um nicht zu sagen Familienmitglieder, in unsere Wohnungen einzuziehen. Die Menschen kontrollieren schließlich immer mehr Nahrungsmittel, die auf unserem Planeten wachsen. Die Anzahl der von uns gefütterten Tierarten explodiert, und es handelt sich dabei nicht nur um Haustiere, sondern auch um Nutztiere wie Hühner, Zuchtlachs, Schafe, Schweine und Rinder.

Wenn ich mein Fernglas an die Augen setze, um zu sehen, was sich draußen auf der Wiese oder am Waldrand bewegt, ist es sehr oft nur eine Katze. Es ist jedes Mal eine Enttäuschung. Nicht weil ich etwas gegen Katzen hätte, es kann amüsant sein, sie zu beobachten, aber was soll ich schon groß über eine Katze schreiben? Schließlich bin ich gekommen, um nach einem Fuchs Ausschau zu halten, einem Wildtier auf der Jagd.

Gerade das Wilde ist eine der Eigenschaften, die mir am Fuchs gefallen. In gewisser Hinsicht ist er wilder als anderes Wild. Der Rotfuchs existiert nicht aufgrund von Verordnungen, Bestandszahlen und Quoten, wie die wertvollen Geweihträger oder die großen Raubsäuger, um deren Abschussquoten und Schonzeiten es immer Streit gibt. Der Fuchs lebt im Großen und Ganzen trotz des Reglements der Menschen wie ein Vogelfreier und ist daher für mich eine Art Symbol für Freiheit und Selbstständigkeit.

An vielen Orten bemühen sich Grundbesitzer und Jäger nach Kräften, den Fuchs loszuwerden. An anderen Orten kümmern sich die Menschen nicht um den Fuchs, er ist ihnen egal. Wie auch immer, der Fuchs kommt damit zurecht, und in einer Welt, in der wir Menschen schon viel zu viel kontrollieren und den anderen Arten, mit denen wir uns den Planeten teilen, zu wenig Raum lassen, ist genau dies eine erfreuliche Tatsache.

17 *Ein Schneefuchs im Winterpelz hofft auf einen Futterhappen. Langedrag-Naturpark im Februar*

Der Vetter auf dem Berg

Der erfolgreiche Rotfuchs hat einen Verwandten, der leidet. Der Schneefuchs, *Vulpes lagopus*, ist eine bedrohte Art in Skandinavien. Ich bin auf meinen Bergwanderungen nie einem Schneefuchs begegnet, obwohl ich ständig Ausschau halte. Aber nachdem mein Sohn und ich im Bärenpark waren und dort die Rotfüchse gefüttert haben, setzten wir uns ins Auto und fuhren in die Berge, um einmal einem Schneefuchs zu begegnen. Im Langedrag-Naturpark, in einem Fjellbirkenwald dicht unterhalb der Baumgrenze, lag tiefer Schnee. Auch hier konnte man die Füchse in einem geräumigen Gehege begrüßen.

Zwei junge Schneefüchse namens Jesper und Jonatan, winterlich getarnt durch ihren schneeweißen Pelz, sprangen umher und trieben Unfug. Einer von ihnen schnappte sich den Wollhandschuh von der Hand eines vielleicht acht Jahre alten Jungen aus unserer Gruppe und lief mit dem Fäustling im Maul davon, gefolgt von seinem Bruder. Der Junge nahm den Verlust seines Handschuhs gelassen.

Zu Jesper und Jonatan hatte sich ein gleichaltriger Rotfuchs gesellt, der Kasper hieß. Er war größer und stärker als die Schneefüchse, wie es häufig der Fall ist. Nun kam er, um zu sehen, was hier vor sich ging. Er nahm seinen weißbepelzten Kumpanen den Wollhandschuh ab und sprang davon, um seinen Schatz im Schnee zu verstecken. Die Tierpflegerin breitete bedauernd die Arme aus. Sie erklärte den Eltern des Jungen, dass der Handschuh kaum vor dem Frühjahr wieder auftauchen würde.

Der Körper des Schneefuchses wirkt runder als der des Rotfuchses. Die Ohren sind kürzer. Ebenso die Schnauze, außerdem ist seine Stirn steiler. In den kargen Gegenden, in denen der Schneefuchs lebt, gräbt er enorme Bausysteme mit bis zu hundert Eingängen, und rund um diese Schneefuchsschlösser ist es häufig grüner als in der übrigen Landschaft, weil die Erde hier seit Generationen von den Hinterlassenschaften der Bewohner gedüngt wird. Einige dieser traditionellen Schneefuchsbauten in Norwegen sind Jahrtausende alt. Wenn wir Günter Tembrock glauben wollen, der 1956 ein paar Schneefüchse erhielt, die im Tiergarten von Moskau zur Welt gekommen waren, ähneln die Verhaltensweisen des Schneefuchses sehr denen des Rotfuchses. Auch seine Schneefuchsfähe stellte sich in einem spielerischen Ringkampf mit ihrem Partner auf die Hinterbeine, und beide zeigten sich die Zähne, indem sie ihre Schnauzen aufrissen.

Das Fell des Schneefuchses ist natürlich besonders dicht und warm, daher war es früher bei Pelzjägern sehr gefragt. Es gibt zwei Farbvarianten: das Fell vom Weißfuchs und das Fell vom Blaufuchs. Die Weißfüchse, die in der freien Natur am häufigsten vorkommen, wechseln zwischen dem weißen Winterfell und einem Sommerpelz, der meist braun ist, aber eine helle, kontrastreiche Unterseite behält. Der Blaufuchs ist seltener. Er hat einen Winterpelz mit einem Graustich, den man als blau bezeichnen könnte. Im Sommer bekommt der Blaufuchs ein gleichmäßig braunes Fell. Wilde Weißfüchse und Blaufüchse vermehren sich untereinander, beide Farbvarianten kommen in den norwegischen Berggebieten und ganz im Norden des Landes vor, wo die Schneefüchse ihren Lebensbereich bis in die Küstenregion ausgedehnt haben.

Die Domäne des Schneefuchses ist die Tundra, also die baumlose Landschaft, die den Wald im Hochgebirge ablöst und sich weit nach Norden zieht. Der Schneefuchs kommt überall in den Gebieten rund um den Nordpol vor, außerdem in Russland, Kanada und Alaska, aber auch auf Island, Grönland und vielen kleineren Inseln. Der Bestand ist groß und überlebensfähig. Auf Spitzbergen begegnete ich einmal einem Schneefuchs, der mich aus wenigen Metern Entfernung anstarrte, mitten auf der Straße am Rande von Longyearbyen. Die Art ist in Spitzbergen weit verbreitet und wird dort meist »Polarfuchs« genannt. Auf der skandinavischen Halbinsel hingegen ist der Schneefuchs selten geworden. Er wurde in der Zeit zwischen den Weltkriegen in Norwegen und Schweden unter Naturschutz gestellt, nachdem er eine Zeitlang wegen seines Fells intensiv gejagt wurde, allerdings haben sich die Bestände nie wieder richtig erholt. Eine der Ursachen ist die Konkurrenz durch den Rotfuchs. Unter wilden Tieren ist das Leben ein Kampf, und die Verhältnisse sind selten so, dass es zu einem idyllischen Zusammenleben der Fuchsarten kommt, wie wir es bei den gut gefütterten Jungtieren im Langedrag-Naturpark erlebten.

Der Schneefuchs kann in einer Welt überleben, die zu kalt und zu karg für den Rotfuchs ist. In Gebieten, in denen die Lebensgrundlage für beide Arten gegeben ist, verjagt oder tötet der Rotfuchs häufig seinen kleineren Verwandten. Seit mehreren Jahrzehnten haben sich Rotfüchse in den alten Gebirgsgebieten

18 *Wilder, ausgewachsener Schneefuchs im Juli am Dovrefjell-Gebirge*

Skandinaviens etabliert. An einigen Orten haben sie die uralten Schneefuchsbauten übernommen. Wissenschaftler haben mit sehr viel Mühe versucht herauszufinden, warum der Rotfuchs die Baumgrenze überschritten hat. In den Bergen von Süd- und Mittelnorwegen hält sich der Rotfuchs besonders gern in der Nähe von Hütten und von befahrbaren Straßen auf, vermutlich weil er dort von den Speiseabfällen der Menschen profitiert. Indem die Menschen den Rotfuchs auf diese Weise in die Berge locken, kommt es zu einer Bedrohung des Schneefuchsbestandes.

Der Klimawandel ist ein anderes Problem. Für den Schneefuchs ist es eine Katastrophe, wenn die sogenannten Lemmingjahre ausbleiben. Lemminge und andere Kurzschwanzmäuse sind die wichtigste Beute für den Schneefuchs in Skandinavien, und die Anzahl von Lemmingen in der Tundra erreicht alle drei bis vier Jahre neue Höchststände. Dann sieht man überall lebendige und tote Lemminge, und dem Schneefuchs gelingt es vor allem in den Lemmingjahren, viele Welpen aufzuziehen. Wissenschaftler fürchten, der Klimawandel könnte dazu führen, dass der Bestand an Lemmingen dramatisch zurückgeht. Es gibt Anzeichen dafür, dass die Lemmingjahre in Skandinavien seltener werden – dies könnte eine der Erklärungen für die Probleme des Schneefuchses sein.

Ein wärmeres Klima führt vermutlich auch dazu, dass der Rotfuchs sich weiter oben im Norden und auf höheren Bergen wohlfühlt und damit den Schneefuchs zum Rückzug zwingt. Allmählich wird die Klimaerwärmung dazu führen, dass der Wald sich nach Norden und über die Baumgrenze hinweg ausbreiten kann, und dann wird ein Waldtier wie der Rotfuchs zweifellos folgen. So bedrohen die erheblichen Klimaveränderungen die gesamte Lebensgrundlage für einen Polarklimaspezialisten wie den Schneefuchs.

Nicht nur der Schneefuchs bekommt Probleme, wenn der Rotfuchs sich weiter ausbreitet. Füchse mögen Eier und Vogeljunge, daher kann der Rotfuchs eine Bedrohung für Vogelarten sein, die am Boden brüten, vor allem dort, wo es bisher nur wenige Füchse gibt. Die Zwerggans zum Beispiel ist eine Art, die den Plünderungen des Rotfuchses ausgesetzt ist. Wir reden hier über eine Vogelart, die nicht nur in Norwegen von der Ausrottung bedroht ist, sondern weltweit. Zwerggänse leben in der Übergangszone zwischen Wald und Tundra, und in Norwegen gibt es nur noch rund dreißig Paare, die jedes Jahr in einem begrenzten Gebiet in Finnmark brüten. Die Ursachen für den geringer gewordenen Bestand sind vor allem in den Gefahren zu suchen, die in den Zugvogel- und Überwinterungsgebieten im Ausland drohen, in denen Füchse gern auf Zwerggänse-Jagd gehen. Doch auch bei den verbliebenen Nestplätzen in der Nähe des Iešjávri, des größten Sees Finnmarks, hat sich der Rotfuchs als Bedrohung für die Eier und Küken der Zwerggänse erwiesen. Die Strategie der Behörden, mit der der Bestand von Schneefüchsen und Zwerggänsen gerettet werden soll, besteht unter anderem darin, den Rotfuchs abzuschießen. Jäger bekommen Abschussprämien in den Gebieten, in denen der Rotfuchs als Gefahr für bedrohte Arten ausgewiesen ist. Außerdem hat der Staat professionelle Aufseher eingesetzt, die Füchse schießen. »Dies ist keine Jagd, sondern die Ausnahme«, heißt es. In Finnmark sind die Jäger mit Schneescootern unterwegs, und mindestens einmal hat die staatliche Naturaufsicht auch Hubschrauber für die Jagd auf Füchse eingesetzt. Als Rotfuchs lebt es sich gefährlich.

Um die Jahrtausendwende war der skandinavische Schneefuchsbestand mit rund fünfzig ausgewachsenen Tieren auf dem niedrigsten Niveau. Seither hat sich die Situation verbessert. Allein in Norwegen haben wir nun rund dreihundert ausgewachsene Schneefüchse, nachdem die Biologen begonnen haben, Welpen in Gefangenschaft aufzuziehen und später auszusetzen. Die Schneefüchse bekommen eine Art Starthilfe in Form von Futterautomaten, deren Zugänge für den Rotfuchs zu eng sind. So haben die Biologen es geschafft, den Schneefuchs sogar in Gebieten wieder anzusiedeln, in denen auch Rotfüchse vorkommen – ohne den größeren Verwandten des Schneefuchses systematisch auszurotten. Allerdings weiß die Wissenschaft nach wie vor nicht viel über das Verhältnis der beiden Arten untereinander. Vielleicht ist der Schneefuchs gar nicht so hilflos gegenüber dem Rotfuchs, wie man geglaubt hat, und vielleicht kann sich der Schneefuchs eher behaupten, wenn der Bestand in einem Gebiet erst einmal groß genug und gut etabliert ist. Die Zukunftsaussichten für den skandinavischen Schneefuchs sehen heute jedenfalls freundlicher aus als noch vor zwanzig Jahren. Möglicherweise gibt es doch noch Hoffnung für den armen Vetter vom Berg.

Quarantäne

Von unserem Küchenfenster aus können wir ein Segelschiff mit drei nackten Masten sehen. Das Schiff liegt weit draußen im Fjord vor Anker, voller norwegischer Jugendlicher, die auf einer Bildungsreise im Süden gewesen sind. Sie haben das Deck geschrubbt, sind in die Masten geklettert, und sicher haben sie sich bei Sturm auch übergeben. Sie haben westeuropäische Hafenstädte besucht, und aus diesem Grund wird ihnen nun, da sie beinahe zu Hause sind, der Landgang verweigert. Die gelbe Quarantäneflagge im Mast ist ebenso unzeitgemäß wie das Segelschiff selbst. Als die Flagge das letzte Mal auf dem Oslofjord gehisst wurde, wurden die meisten Schiffe vermutlich noch von Wind und Muskelkraft angetrieben, doch in diesem Frühjahr erinnern uns die Lebensbedingungen der Vergangenheit daran, wie es ist, mit gefährlichen, ansteckenden Krankheiten konfrontiert zu sein, gegen die die ärztliche Wissenschaft noch kein Mittel hat. Die Welt wird abgeschottet. In den Nachrichten geht es plötzlich nur noch um Todeszahlen und den Schutz vor Ansteckungen.

Während die Pandemien der Vergangenheit, wie die Beulenpest oder die Spanische Grippe, in aller Munde sind, wandern meine Gedanken einige Jahre zurück zu Topsys erstem Sommer, als wir den Welpen auf eine Reise nach Schweden mitnehmen wollten. Es stellte sich heraus, dass wir für Topsy einen Hundepass beantragen mussten, mit der norwegischen und der EU-Flagge auf der Vorderseite. Im Pass mussten ein Stempel und die Unterschrift eines Tierarztes bezeugen, dass Topsy eine besondere, vorbeugende Wurmkur hinter sich hatte, denn ohne diese Versicherung riskierten wir ganz einfach, dass wir den Hund nicht wieder nach Norwegen zurückbringen durften. In Schweden hatte es einige wenige Fälle von Infektionen mit einem Eingeweideparasiten gegeben, der Fuchsbandwurm oder *Echinococus multilocularis* genannt wird. Den wollten die norwegischen Behörden auf keinen Fall im Land haben. Der Fuchsbandwurm ist in großen Teilen Europas verbreitet und kommt vor allem bei Füchsen vor, aber auch Hunde und Katzen können die Parasiten im Darm haben, ohne dass sie größeren Schaden anrichten, weder bei wilden noch bei zahmen Raubsäugern. Allerdings sind diese Parasiten gefährlich für den Menschen. Eine Ansteckung ist selten, aber nimmt man Fuchsbandwurmeier durch den Kot der infizierten Tiere auf, kann man sich eine ernste Krankheit zuziehen, die im schlimmsten Fall tödlich endet. Ansteckungsgefahr besteht, wenn man ein verendetes Tier anfasst oder verschmutzte Beeren pflückt.

In den letzten Jahren haben GPS-Markierungen von Rotfüchsen in Norwegen und Schweden gezeigt, dass die Tiere bisweilen Hunderte von Kilometern wandern. Und höchstwahrscheinlich überqueren sie dabei auch die Grenze nach Schweden, und man fragt sich natürlich, ob es sinnvoll ist, den Fuchsbandwurm mit Stempeln in einem Haustierpass zu bekämpfen. Ein Fuchsjäger aus meiner Nachbarschaft erzählt, dass er pro Fuchskadaver einige hundert Kronen vom Veterinärinstitut bekommt, wo man die Eingeweide der erlegten Füchse untersucht, um herauszufinden, ob und wann der Fuchsbandwurm bei uns eingeschleppt wurde.

Genau so kennen viele Europäer den Fuchs: als Träger von Erregern. Tollwut zum Beispiel. Die unheimliche Viruskrankheit wurde früher auch Hundswut genannt, weil sie Menschen und Tiere aggressiv und unberechenbar werden lässt. Das Tollwutvirus überträgt sich vor allem durch Speichel. Es kann sämtliche Arten von Säugetieren infizieren, der Mensch bekommt es meist durch Hundebisse. Die Krankheit war lange gefürchtet, schon ein Gesetzestext, der vor viertausend Jahren auf alten Tontafeln aus Mesopotamien festgehalten wurde, legt Bußen für die Besitzer von tollwutkranken Hunden fest, wenn jemand infolge eines Hundebisses stirbt. Das Virus greift das Nervensystem an und führt zu Verhaltensänderungen. Alte und neue Krankengeschichten sind eine schreckliche Lektüre. 1809 notierte ein Arzt in England: »… die Zähne und das Zahnfleisch des Oberkiefers waren die ganze Zeit über sichtbar, schäumender Speichel rann die Mundwinkel herab – er bat mich, ihn sofort zu töten, er stampfte heftig auf den Boden, wurde wütend und konnte von den Beamten kaum festgehalten werden. Er war nun mit einer Zwangsjacke ans Bett gebunden – dem hatte er zugestimmt –, und versuchte alle zu treten und zu beißen, die sich ihm näherten …« Man ahnt die Inspirationsquelle für die Mythen über Werwölfe und Vampire. Denn die Bisse von tollwutkranken Tieren oder eben auch Menschen führen ja tatsächlich zu einer erschreckenden Verwandlung, die an tierisches Verhalten erinnert. Wer sich angesteckt hat, kann lange symptomfrei bleiben. Wenn die Krankheit aber erst einmal ausgebrochen ist, tritt der Tod innerhalb von wenigen Tagen ein.

Ein Grund für die schwierige Kontrolle der Tollwut ist, dass das Virus durch wilde Tiere übertragen wird. Im Jahr 1850 sollen Rotfüchse in der Nähe von Frankfurt am Main den Kadaver eines Schweins ausgegraben haben, das an Tollwut gestorben war. Die Füchse bekamen Tollwut. Sie bissen sich gegenseitig und sie bissen auch Menschen, viele erkrankten und starben. Zur Lösung des Problems wurde eine große Fuchsjagd in der Region veranstaltet.

In früheren Zeiten hielt man in Europa dennoch eher den Wolf für den Überträger der Tollwut. Tollwütige Wölfe werden ungemein aggressiv. Im Gegensatz zu ihren gesunden Artgenossen greifen sie häufig Menschen an – die Tollwut hat den schlechten Ruf des Wolfes also noch vergrößert.

Gegen Ende des 19. Jahrhunderts nahm in Europa die Furcht vor der Tollwut ab. Louis Pasteur hatte in Frankreich einen Impfstoff entwickelt, den man sich auch vorbeugend verabreichen lassen konnte, wenn der Verdacht bestand, dass man von einem kranken Tier gebissen worden war, die Symptome sich aber noch nicht zeigten. Ungefähr zur gleichen Zeit verschwand die Krankheit in großen Teilen der Welt. Die Ursache ist nicht ganz geklärt, aber in vielen Ländern ließen die Behörden herrenlose Hunde töten. Hundebesitzer wurden darüber hinaus verpflichtet, ihren Hunden Maulkörbe anzulegen und eine Quarantäne einzuhalten, wenn der Hund über eine Landesgrenze gebracht wurde. Gleichzeitig ging der Bestand an Wölfen immer mehr zurück.

Auf der skandinavischen Halbinsel hatten wir seit dem 19. Jahrhundert keine Tollwut mehr, und auf den Britischen Inseln war es seit dem frühen 20. Jahrhundert damit vorbei. Anders in den Ländern des europäischen Kontinents. Dort kam es gegen Ende des Zweiten Weltkriegs zu einem neuen großen Tollwutausbruch, mit dessen Folgen man zehn Jahre zu kämpfen hatte – damals war der Rotfuchs der wichtigste Überträger der Viren. Es hieß, die ersten Fälle seien in Polen aufgetreten. Dort waren ganze Regionen durch die Kriegshandlungen zeitweilig nahezu menschenleer, und die Wild- und Fuchsbestände explodierten. In dieser großen Fuchspopulation konnte sich das Virus vermutlich sehr schnell ausbreiten. Wandernde Füchse verbreiteten das Virus in jedem Fall über Zentral- und Westeuropa, jedes Jahr wurden in Gebieten, die zwanzig bis sechzig Kilometer weit auseinanderlagen, neue Fälle entdeckt. Die Krankheit legte sich erst, als der Fuchsbestand sich deutlich verringerte, entweder aufgrund der Krankheit oder weil Füchse systematisch geschossen oder in ihrem Bau mit Hilfe von Giftgas getötet wurden. Es erwies sich jedoch als schwierig, mit dem Fuchs fertig zu werden. Die Strategie, den Fuchs auszurotten, hatte nur in Regionen einen dauerhaften Effekt, in denen die Landschaft sich auf natürliche Weise verengt und sich die Fuchswanderung einigermaßen kontrollieren lässt – wie zum Beispiel an der Grenze zwischen Deutschland und Dänemark in Schleswig-Holstein und Jütland. Hier wehrten die Dänen in der Zeit von 1964 bis 1982 wiederholt Tollwutinvasionen ab. Abschussprämien und das Ausräuchern von Fuchsbauen reduzierten den Bestand um circa achtzig Prozent in der Grenzregion und einige Dutzend Kilometer ins Landesinnere hinein. Im restlichen Europa wandte man eine schonendere Methode an. Hier wurden die Füchse geimpft.

Schweizer Wissenschaftler versuchten es als Erste mit einer großangelegten Impfkampagne. Im Sommer 1978 kam es zu einer Ansteckungswelle rund um den Genfer See und im Rhône-Tal, das bis dahin als tollwutfrei galt. Am 17. Oktober 1978 begannen Polizisten und Waldaufseher, die mit den Örtlichkeiten vertraut waren, mit ihrer Aktion. Sie kamen mit Styroporkisten voller Hühnerköpfe. In jedem Hühnerkopf steckte eine Kapsel mit Impfstoff gegen die Tollwut; diese präparierten Köder wurden in der Vegetation entlang der Wege und Straßen im Tal ausgelegt. Um die Hühnerköpfe an steilen und schneebedeckten Bereichen hoch oben an den Talhängen zu verteilen, wurden Hubschrauber eingesetzt. Die Aktion war ein Erfolg: Die Ansteckungswelle konnte bei Monthey im Kanton Wallis gestoppt werden. Die Schweizer gingen nun Tal für Tal nach dieser Methode vor. Bis 1990 wurden in der Schweiz mehr als 1,3 Millionen Hühnerköpfe ausgelegt – mit dem Ergebnis, dass nicht nur die Tollwut wirksam bekämpft werden konnte, sondern sich auch der Gesundheitszustand der Füchse verbessert hatte.

Die Hühnerköpfe funktionierten. Allerdings war es eine aufwendige Methode, daher entwickelten deutsche Wissenschaftler in den frühen 1980er Jahren eine Alternative, den sogenannten Tübinger Fuchsköder, der ganz einfach aus einem Klumpen von Fischmehl und Fett besteht, in den eine Kapsel mit Impfstoffen gesteckt wird. Die billige Massenproduktion von Wildimpfstoff trug dazu bei, dass ein europäisches Land nach dem anderen erklären konnte, frei von der durch Füchse übertragenen Tollwut zu sein. Noch immer ist die Krankheit allerdings unter den Schneefüchsen in arktischen Gebieten verbreitet, die mitunter die Erreger nach Spitzbergen bringen, wenn sie im Winter über das Eis wandern. Der Rotfuchs hingegen ist in großen Teilen Europas von der Krankheit geheilt. Die Europäer können sich an dem Anblick des roten Räubers erfreuen, ohne fürchten zu müssen, dass er die Hundswut in die Nachbarschaft einschleppt – noch ein Grund, um sich über den Segen von Impfstoffen zu freuen.

Ein natürliches Experiment

Als der Rotfuchs in Teilen von Dänemark und Deutschland nach dem Kampf gegen die Tollwutepidemie nahezu ausgerottet war, ergab sich für die Biologen die Gelegenheit zu erforschen, welche Auswirkungen der deutlich reduzierte Bestand des Fuchses auf seine Beutetiere hatte. Es stellte sich heraus, dass sich Feldhasen und Rebhühner in den Gebieten spürbar vermehrten, in denen es eine Zeitlang kaum noch Füchse gab.

Mitte der 1970er Jahre bot sich auch in Skandinavien die einmalige Chance, die Folgen einer geringen Fuchspopulation für die Kleinwildbestände zu erforschen. Die Epidemie der Fuchsräude war eine Katastrophe, am ehesten vergleichbar mit der Beulenpest, von der die Menschen im 14. Jahrhundert betroffen waren. Die Anzahl der Füchse wurde um mehr als die Hälfte reduziert. Die Ursache war ein Hautparasit, der den lateinischen Namen *Sarcoptes scabiei* trägt. Wir nennen ihn Sarcoptesmilbe. Denn es handelt sich um eine Milbe, eine kleine, achtbeinige Verwandte der Spinne, nur ist diese Milbe so winzig, dass sie ohne Vergrößerungsglas nicht zu sehen ist. Die Sarcoptesmilbe gräbt Gänge in die äußere Hornschicht der Haut. In diese Gänge legt sie Eier, und Patienten, die sich mit der Sarcoptesmilbe infiziert haben, berichten von einem infernalischen Juckreiz. Die Krätze wird bei uns Menschen von einer Variante der Sarcoptesmilbe verursacht, die sich auf unsere Haut spezialisiert hat und sich von Mensch zu Mensch überträgt. Diese lästige Krankheit kennen wir in Skandinavien seit unendlichen Zeiten. Sarcoptesmilben, die den Fuchs angreifen, leben hingegen unter der Haut des Fuchses und anderer Raubsäuger und führen bei Menschen, die mit infizierten Tieren Kontakt hatten, nur zu kurzfristigen Irritationen.

Die Fuchsräude war bis in die siebziger Jahre in Norwegen und Schweden unbekannt. Als die Epidemie das erste Mal ausbrach, waren die Folgen verheerend, da den einheimischen Füchsen die Widerstandskraft gegen die Krankheit fehlte. Die infizierten Füchse bekamen Ausschlag und ein verfilztes Fell, dann verloren sie ihr Fell und ihr nackter Körper war voller Wunden und Schorf. Nach einer Weile hörten sie auf zu fressen, sie magerten ab und waren entkräftet. In den allermeisten Fällen endete es mit dem Tod.

Vermutlich kam die Räude mit einem Fuchs von Estland nach Finnland über das Eis. 1967 wurde die Fuchsräude in Finnland zum ersten Mal nachgewiesen. Ein einzelner Fall trat 1972 in Schweden auf, und ab 1975 kam es dort zu einem regelrechten Ausbruch. Ein Jahr später wurde der erste räudige Fuchs in Norwegen nachgewiesen. Im Laufe der folgenden zehn Jahre verbreitete sich die Krankheit über die gesamte skandinavische Halbinsel.

Nichts ist so schlimm, dass es nicht auch sein Gutes hätte: Der Ausbruch der Krankheit lieferte der Wissenschaft die Gelegenheit zu einem einzigartigen Einblick in das Beziehungsverhältnis zwischen dem Rotfuchs und seinen Beutetieren. Die detailliertesten Studien fanden in der Grimsö-Forschungsstation im Landesinneren Schwedens statt, in einer Nadelwald- und Moorlandschaft ungefähr auf der Höhe von Stockholm und Oslo. Als die Räude 1982 dieses Gebiet erreichte, hatten die Wissenschaftler bereits seit einigen Jahren regelmäßig den Bestand der Fuchspopulation und ihrer wichtigsten Beutetiere festgehalten. Jedes Frühjahr stellten sie Fallen für Feld- und Klettermäuse auf und überprüften alle bekannten Stellen mit Fuchsbauten, um festzustellen, ob es Nachwuchs gab. Parallel dazu ermittelten die Biologen regelmäßig die Bestände von anderen Beutetieren des Fuchses wie Hasen, Rehen und den Waldhuhnarten Birkhuhn, Auerhahn und Haselhuhn.

Die Räude führte in der Grimsö-Region bei den Füchsen zu einem Populationsknick, der bis zum Ende des Jahrzehnts anhielt. Die Zahl der Welpen nahm erst um 1990 wieder zu. Auf die Population der Kleinnager hatte das allerdings keinen Einfluss.

Die Bestände der Hasen hingegen erhöhten sich im Laufe der 1980er Jahre signifikant, ebenso die der Waldhuhnarten. Es sind größere Tiere, die sich langsamer vermehren und nicht so zahlreich sind wie Mäuse. Offensichtlich rissen die Füchse viel Kleinwild und trugen dazu bei, dass die Bestände niedrig blieben. Außerdem gelang es den Rehen durch den geringen Fuchsbestand, mehr Kälber aufzuziehen.

Auch in Norwegen zeigte die Jagdstatistik, dass mehr Hasen, Auerhähne, Birkhühner und Moorschneehühner geschossen wurden, als es weniger Füchse gab. Der Bestand an Mardern, die nicht wie Hasen oder die Waldhuhnarten aktiv gejagt werden, nahm ebenfalls zu. Es könnte daran liegen, dass der Fuchs zuvor viele Marder tötete oder dass Fuchs und Marder Futterkonkurrenten sind, die sich beide vornehmlich von Mäusen

19, 20, 21 *Rotfuchswelpen in der Nähe ihres Baus in der Nordmarka bei Oslo im Mai*

ernähren. Das Ergebnis dieses natürlichen Experiments bestätigt, dass der Fuchs zum natürlichen Gleichgewicht der Kleinwildbestände beiträgt. Als die Räude abklang und der Fuchsbestand sich wieder erholte, reduzierte sich auch der Bestand der Kleinwildarten wieder.

In großen Teilen Skandinaviens schwankt der Bestand an Kleinnagern erheblich. Typisch sind Zeiträume von drei bis vier Jahren zwischen den Höhepunkten der Zyklen, den sogenannten Mäusejahren (und Lemmingjahren). Die Ursachen für diese Schwankungen werden noch immer diskutiert. In jedem Fall zeigt sich, dass der Rotfuchs sich in schlechten Mäusejahren eine andere Beute sucht. Dann stehen harte Zeiten für Hasen und Waldhühner an. Umgekehrt erhöht sich der Bestand an Kleinwild in den Jahren, in denen es viele Nagetiere gibt. Auch Rehkälber kommen besser über den Sommer, wenn der Fuchs vornehmlich mit der Mäusejagd beschäftigt ist. Die Bestandszahlen von größeren Tieren, die zur Beute des Fuchses gehören, sind ebenfalls abhängig vom Ausfall der Mäusejahre.

Die Räude-Epidemie klang in den 1990er Jahren ab. Die Fuchsbestände erholten sich, nachdem es zwischen dem Fuchs und den Sarcoptesmilben zu einer Art unruhigem Kompromiss gekommen war. Die Krankheit verschwand nicht, aber sie verlief seltener tödlich. Entweder lag es daran, dass die überlebenden Füchse größere Widerstandskräfte entwickelten, oder der Parasit hatte zu einer Form gefunden, die für die Wirtstiere nicht mehr unbedingt tödlich verlief. Häufiger als früher gibt es nun Füchse, die sich zwar angesteckt haben, bei denen die Krankheit aber nicht ausbricht. Auf dem europäischen Kontinent und den Britischen Inseln ist die Situation ähnlich, auch dort ist die Krankheit noch immer präsent, bricht aber nur hin und wieder in einer begrenzten Region aus.

Menschen sehen gern in allem, was geschieht, einen Sinn. Es ist verlockend, die Fuchsräude als eine Art Strafgericht zu begreifen, zum Beispiel als Reaktion der Natur auf einen unnatürlich hohen Fuchsbestand, allerdings stellt sich doch die Frage, ob das Leben so einfach ist. Als Ende der 1960er Jahre die Räude die Füchse befiel, war die Fuchspopulation in Skandinavien größer als einhundert Jahre früher, und natürlich ist es für Krankheiten und Parasiten leichter, sich in einem dichten Fuchsbestand zu verbreiten. Andererseits ist die Landschaft in weiten Teilen der skandinavischen Halbinsel eher karg, sodass die Abstände zwischen den Territorien der Füchse größer sind als im südlicheren Europa. Tatsächlich aber braucht es keine ungewöhnlich große Population, damit sich eine Plage wie die Räude ausbreitet. Die Natur ist brutal. Mehr als die Hälfte aller Arten leben vermutlich als Parasiten, und dass kleine Tiere sich bei weit größeren Tieren versorgen, so wie die Sarcoptesmilbe beim Fuchs, ist vollkommen normal. Das Problem bestand vor allem darin, dass die skandinavischen Füchse mit einer Krankheit konfrontiert waren, die weder sie noch ihre Vorfahren kannten und gegen die sie daher auch keine Widerstandskräfte entwickelt hatten. Ungefähr so kam auch die Pest nach Skandinavien und wurde als der schwarze Tod bekannt.

Unter der Erde

Im Laufe des Frühjahrs inspiziere ich alte Baue. Ich möchte herausfinden, wo in diesem Jahr ein Wurf Welpen geboren wird. Ich würde gern zur Stelle sein, wenn die Jungen den Bau verlassen und ins Tageslicht blinzeln. An mehreren Stellen gibt es frische Spuren von Grabungen an Bauöffnungen. Die meisten stammen von einem geschäftigen Dachs, das zeigen die Fußspuren mit den fünf Zehen, die deutliche Rinne, die von der Bauöffnung wegführt, oder die Reste von der unermüdlichen Arbeit, den Bau mit Moos, Gras oder Laub auszustatten. An ein paar Stellen sieht es jedoch vielversprechend aus. Es scheint, als hätte sich hier ein Fuchs aufgehalten. Vor dem Ausgang des Baus liegt ein wenig Erde, es sieht so aus, als wäre sie erst kürzlich aus dem Bau geschafft worden. Die Pfotenabdrücke in der lockeren Erde sind undeutlich, könnten aber darauf hinweisen, dass hier ein Fuchs gegraben hat und ich auf der richtigen Spur bin. Egal, ob die Fähe einen alten Bau benutzt oder einen neuen gräbt, häufig wird der Bau ein wenig renoviert, bevor sie sich zum Gebären zurückzieht.

Was unter der Erde passiert, kann ich nicht sehen, aber ich weiß, dass die Fähe hinter der Bauöffnung einen Gang gräbt, der steil nach unten führt. Erst nach mehreren Metern erreicht der Gang die Wurfhöhle. Von dort führen in der Regel ein oder mehrere Tunnel zu weiteren Ausgängen. Die letzten Tage vor der Geburt verbringt die Fähe meist im Bau, während ihr Partner sie am Eingang mit Futter versorgt. Die Welpen werden zweiundfünfzig oder dreiundfünfzig Tage nach der Paarung geboren. Hier im Norden kommen viele Fuchswelpen im April auf die Welt.

Im Internet findet man mit Nachtkameras gefilmte Aufnahmen von Fuchsgeburten im Bau einer freilebenden Fähe. Die Fuchsmutter ist bei der Geburt in der unterirdischen Dunkelheit allein. Die Art, wie sie die Nabelschnur durchbeißt und die Embryohülle entfernt, mit der jeder Welpe umgeben ist, erinnert an die Hundegeburten, bei denen ich als Teenager dabei sein konnte, wenn ich rechtzeitig von der Schule nach Hause kam. Ich habe denselben Gedanken wie damals: Was für Instinkte! Die Mutter weiß genau, was sie zu tun hat, obwohl sie vielleicht zum ersten Mal wirft und nie eine Geburt miterlebt hat.

Die Welpen wiegen bei ihrer Geburt rund hundert Gramm. Sie sind blind und hilflos und müssen in der ersten Zeit gewärmt werden, sodass es gewöhnlich zwei, drei Tage dauert, bis die Mutter den Bau verlassen kann. Verspätet sich der Partner mit dem Futter, geht sie zum Ausgang des Baus und bellt scharf. Innen ist sie damit beschäftigt, die Kleinen zu säugen und zu versorgen. Sie urinieren und koten nur, wenn die Fähe ihnen den Bauch leckt; sie hält den Bau sauber und frisst alles auf, was die Welpen produzieren.

Zwischendurch schläft sie. Fuchsmütter in Gefangenschaft, die beobachtet wurden, schliefen in den ersten Tagen

22 *Junger Rotfuchs späht aus seinem Loch im Boden. Deutschland im April*

nach der Geburt mehr als siebzig Prozent der Zeit, aber der Schlaf verteilte sich auf kurze Nickerchen von rund zehn Minuten. So erinnere ich mich auch an die erste Nacht, nachdem die Hündin, mit der ich aufgewachsen bin, Junge bekam. Die Mutter und die Welpen lagen in einem Korb in meinem Zimmer, und kaum war ich eingeschlafen, begann einer der Welpen zu fiepen, weil er die Zitze verloren hatte oder nach dem warmen Körper der Mutter verlangte. Vermutlich winseln jetzt irgendwo im Wald Fuchswelpen aus dem gleichen Grund. Vielleicht sogar in einem Fuchsbau, von dem ich weiß.

In der dritten Lebenswoche öffnen sich die Augen. Für Welpen, die geschützt in der unterirdischen Welt leben, die ihnen die Mutter gebaut hat, gibt es nicht viel zu sehen, aber in der Dunkelheit beginnen die Welpen eine gewisse Selbstständigkeit zu entwickeln. Schließlich können die Beine den kleinen Körper tragen. Sobald sie auf allen vieren stehen, gehen die Welpen aufeinander los. Im Laufe von wenigen Tagen entwickeln sich diese Angriffe zu durchaus heftigen Prügeleien. Die Welpen kämpfen um ihren Status, um den Platz in der Rangordnung innerhalb des Wurfs – im Grunde ist es eine Frage von Leben oder Tod, denn die Welpen mit dem höchsten Status dürfen zuerst fressen. Gibt es nur wenig zu fressen, kann es vorkommen, dass der Letzte auf der sozialen Leiter hungern muss. Die Mutter greift nicht ein, sie lässt die Welpen den Konflikt allein austragen. Um die achte Lebenswoche nimmt die Aggression ab, da die Rangordnung unter den Welpen inzwischen geregelt und akzeptiert ist. Der Vorteil einer Hackordnung, sowohl für den Sieger, aber trotz allem auch für den Verlierer: Man muss sich jetzt nicht mehr so häufig prügeln. Unten in der Dunkelheit fangen die Welpen auch an zu spielen – beinahe zur gleichen Zeit beginnen ihre ernsthaften Kämpfe. Sie spielen jeder für sich und miteinander. Die spielerischen Kämpfe unterscheiden sich von wirklichen Angriffen durch kleine Signale, die dem Gegenüber versichern, dass es ein Spiel und keine Drohung ist, doch auch das Spiel hilft den Geschwistern einzuschätzen, wer es wert ist, herausgefordert zu werden, und das Recht hat, in der Rangordnung ganz oben zu stehen.

Wenige Tage nachdem sie stehen können, beginnen die Welpen das Bausystem zu erkunden. Im Alter von ungefähr vier Wochen gucken sie oft zum ersten Mal aus dem Bau, jetzt liefert ihnen die Mutter auch feste Nahrung. Während Wölfe – und einige Hunde – ihren Welpen helfen, indem sie halbverdautes Futter herauswürgen, sieht es nicht so aus, als würden Füchse das auch tun. Im Alter von rund zwei Monaten beginnt die Entwöhnung von der Muttermilch, aber schon lange vor dieser Zeit schläft die Mutter nicht mehr bei den Jungen. Sie kommt nur zu Besuch, um die Welpen zu säugen und ihnen Futter zu bringen. Die Jungen verbringen jetzt immer mehr Zeit unter freiem Himmel rund um die Öffnung des Baus. Während die Eltern jagen oder sich ausruhen, sind die Welpen sich selbst überlassen. Anfangs sind sie neugierig und naiv, daher haben Menschen, die wissen, wo der Bau sich befindet, mit etwas Glück die Chance, den kleinen Füchsen bei ihren munteren Spielen zuzusehen. Vorausgesetzt, sie nähern sich den Füchsen vorsichtig und setzen sich ruhig hin.

Anfang Mai habe ich Zweifel. Wie sehr ich auch Ausschau halte, ich sehe weder ausgewachsene Füchse noch Welpen bei den Bauen, von denen ich geglaubt und gehofft hatte, dass sie einen Wurf Welpen verbergen. Die Welpen machen auch keine Anstalten herauszuschauen. Als hätten sämtliche Fähen in der Umgebung beschlossen, sich in unbekannten Bauen zu verstecken. Das Gerücht von einem bewohnten Fuchsbau unter einer Scheune lockte mich mehrfach am frühen Morgen zu einer Stelle in deren Nähe. Als bester Aussichtspunkt erwies sich mein Auto, das ich auf einem Parkplatz direkt an einer Bushaltestelle abgestellt hatte. Noch nicht ganz wache Radfahrer und Buspassagiere blickten mich verwundert an, als sie mich dort mit meinem Kaffeebecher und dem Fernglas sitzen sahen. In dem stillen Moment nach der Abfahrt des Busses hatte ich das Gefühl, in eine Fernsehserie geraten zu sein, in der gleich ein Kollege, der wie ich als verdeckter Ermittler arbeitet, an meine Autotür klopft, mir warme Donuts bringt und zynische Kommentare ablässt. An der Scheune sah ich nur ein paar der üblichen Verdächtigen: Der Dachs kam von seiner nächtlichen Patrouille zurück und verschwand in der Scheune, eine Katze stolzierte in der Morgensonne. Und so wurde auch dieser Beobachtungsauftrag nach einer Weile abgebrochen, denn der einzige Fuchs, den ich im Laufe dieser seltsamen Morgenstunden zu sehen bekam, machte nicht den Eindruck, als hätte er irgendetwas mit dem alten Bau unter der Scheune zu tun.

Ein Räubernest 

Als ich endlich vor einem Bau saß, in dem Welpen lebten – voller Erwartung, den Körper eingehüllt in eine braungrüne Tarndecke, aus der nur der oberste Teil meines Gesichts ragte –, tauchte zu meiner Überraschung ein Problem auf: Menschen. Auf dem unterhalb von meinem Sitzplatz verlaufenden Weg kam eine telefonierende Dame mit einem weißen Hund auf mich zu. Mit etwas Mühe befreite ich meine Hände aus der ungewohnten Tarndecke, zog die Kapuze vom Kopf und versuchte, so vertrauenswürdig wie möglich auszusehen, obwohl ich mich eigentlich über die Störung ärgerte.

»Jetzt bin ich da auf etwas gestoßen, das wohl ein Fuchsbau ist, glaube ich«, sprach sie in ihr Mobiltelefon, »aber davor sitzt ein Mann im Tarnanzug, ich glaube, ich verschwinde lieber.«

Ihr Hund lag flach auf dem Boden und zog an der Leine in Richtung der Behausung, in der tatsächlich ein Wurf Fuchswelpen lebte, die Vogelfedern, Plastiktüten und anderen Müll weiträumig rund um die Öffnung des Baus verteilt hatten. Ich

23 Rotfuchswelpen schlafen zusammengerollt, Schweiz

lächelte so freundlich wie möglich. Die Hundebesitzerin zog sich dahin zurück, woher sie gekommen war, mit dem Hund im Schlepptau und dem Mobiltelefon in der Hand.

Eigentlich hätte ich nicht erstaunt sein müssen, dass ich dort nicht allein war. Einer der längsten Wanderwege der Nordmarka bei Oslo führt in der Nähe des Fuchsbaus vorbei, sodass man im Nadelwald häufig Stimmen hört. Ein nicht markierter Seitenweg läuft zwischen den beiden Eingängen quer über das Gebiet des Baus. Offenbar gab es in letzter Zeit mehr »Verkehr« auf diesem Seitenweg, da jemand den Kontrollposten eines Orientierungslaufs im Gebüsch versteckt hatte. Allerdings habe ich erst durch diesen Posten von den Welpen erfahren. Eine Orientierungsläuferin hatte sie entdeckt. Sie war sofort nach Hause gegangen, hatte die Kamera und ein Tarnnetz geholt und die spielenden Fuchswelpen in einem niedlichen kleinen Film festgehalten. Ein gemeinsamer Freund hatte den Film gesehen und mir den Tipp gegeben, und nun saß ich also dort und duckte mich jedes Mal, wenn jemand vorbeilief.

Helen hieß die Orientierungsläuferin mit der Kamera. Sie war so freundlich, mich zu dem Bau zu führen, als wir uns an einem Morgen Mitte Mai am Waldrand trafen. Keinen Steinwurf vom Bau entfernt wurden wir von Fuchswelpen überrascht, die uns mit großen Augen ansahen. Als wir sie entdeckten, hörten wir auch eine Stimme, im ersten Moment dachte ich, ein Mensch hätte gerufen, aber es war wohl ein ausgewachsener Fuchs, der seine Nachkommen warnte. Die Welpen zogen sich jedenfalls zum Bau zurück. Als wir unseren Aussichtsplatz an einer steilen Böschung eingenommen hatten, tummelte sich nur noch ein einziger Welpe vor einem der Eingänge, ansonsten war es ruhig um den Bau. Vielleicht hatte er sich von den anderen abgesondert und den Alarm nicht gehört. Jetzt wärmte er sich auf der steinigen Bergkuppe über dem Bau in der Sonne. Genau wie Topsy kratzte er sich an der Schnauze und am Ohr und gab ein winselndes Bellen von sich, das ich als Drängeln interpretierte, um seine Geschwister zum Spielen herauszulocken. Vielleicht war das Bellen aber auch eine Bitte an seine Eltern, ihm etwas zu fressen zu bringen. Nach einer Weile erhob sich der kleine Fuchs und schlich sich an eine Schwarzdrossel heran, die unbekümmert auf der Erde umherhüpfte, bis der Welpe die Mulde unterhalb der Bergkuppe erreicht hatte. Er hatte etwas im Maul, als er zurückkam, das aussah wie ein Brotknust, und nagte daran. Dann bummelte er hinunter zum Bau und verschwand. Der Platz vor dem Bau war nun leer und ruhig, und viel mehr passierte nicht, bis Helen flüsterte, sie müsse nun zur Arbeit. Ich blieb allein sitzen.

Am Himmel stieg die Sonne auf, Lichtflecken wanderten über den Waldboden. Ein paar Buntspechte flogen von ihrem Nest in einem toten Baum auf, einer von ihnen begann, zwei, drei Meter von mir entfernt auf der Erde nach Futter zu suchen. Zwischendurch guckten ein, zwei, drei Fuchswelpen aus dem Bau. Zu Beginn schienen sie zögerlich und vorsichtig zu sein, jähe Geräusche ließen sie zusammenzucken, doch obwohl ihr Gehör scharf ist, sah es nicht so aus, als wäre ihre Fähigkeit, die Eindrücke zu sortieren, sonderlich ausgeprägt. Windböen in den Baumkronen erschreckten die kleinen Füchse mehr als die Geräusche, die ich oben am Berghang verursachte. Sobald es keine großen Störungen mehr gab, tauchte ein Welpe nach dem anderen auf. Sie spielten leise, nicht ein Laut drang zu mir hinauf. Sie sprangen aufeinander und tollten herum, ein paar Mal sah ich einen Welpen, der auf einem anderen ritt, als würden sie sich paaren. Die meiste Zeit schienen sich die kleinen Füchse zu vertragen. Nur einmal beobachtete ich, wie ein verhältnismäßig großer Welpe mehrfach ein etwas kleiner geratenes Geschwister angriff, obwohl der Kleine sich zusammenkauerte und zu entkommen versuchte.

Einige Zweige behinderten meine Sicht auf die Welpen. Die Entfernung war im Übrigen zu groß, um gute Fotos zu schießen, daher griff ich in einer ruhigen Phase nach einer Plastikdose, die ungesalzenen Stockfisch enthielt, den man auch als Hundesnack kaufen kann. Diese zähe, übelriechende Delikatesse hatte ich daheim mit einiger Mühe in kleine Häppchen geschnitten, nun warf ich sie einzeln die Böschung hinunter. Ich war mir nicht sicher, ob ich das Richtige tat. Wenn wilde Füchse allzu vertraut mit Menschen werden, ist das für beide Seiten nicht gut, daher ist es besser, sie nicht zu füttern, auch wenn die Welpen hungrig und sorglos genug sind, um einem aus der Hand zu fressen. Das Herunterwerfen der Stockfischhappen hielt ich für einen Kompromiss. Gegen ein Uhr zeigten sich ganze sechs Welpen gleichzeitig, aber der Lärm eines kleinen Flugzeugs erschreckte sie, zwei Welpen suchten sofort unter der Erde Deckung. Die vier verbliebenen fingen gerade an, sich langsam in meine Richtung zu bewegen, vielleicht angezogen von dem Stockfischgeruch, als im Wald schwere Schritte und ein Keuchen zu hören waren. Ein Jogger auf dem Pfad. Ich fluchte leise, und die Welpen sprangen zurück zum Bau, blieben aber zwischen dem Pfad und der Bauöffnung dicht beieinander sitzen und beobachteten den Jogger, der mit dem Rücken zu mir vor ihnen stehen blieb. »Hej«, sagte er überrascht zu den kleinen Füchsen und lief weiter. Erst als der Mann fort war, verschwanden die letzten Welpen unter der Erde.

Kurz nach ein Uhr stürmte ein ausgewachsener Fuchs mit einem toten Eichhörnchen in der Schnauze auf den Bau zu. Die Welpen kamen heraus und scharten sich um den Fuchs, sie fiepten und wedelten mit den Schwänzen; diesmal zählte ich sogar neun kleine Füchse. Einer schnappte sich das Eichhörnchen und lief damit in den Wald. Niemand folgte ihm, was wohl bedeutete, dass der Eichhörnchendieb der unangefochtene Anführer der Geschwisterschar war. Denn es heißt, dass Fuchsjunge normalerweise mit einer »verblüffenden Wildheit« um ihr Futter kämpfen. Der ausgewachsene Fuchs verschwand ebenso schnell, wie er gekommen war. Die Welpen, die nichts von dem Eichhörnchen abbekommen hatten, verteilten sich auf dem Gelände, einige kamen in meine Richtung. Nun sah ich, wie groß der Entwicklungsunterschied zwischen den Geschwistern war. Einige waren deutlich größer als die anderen, und die Größten hatten auch ein röteres Fall als die Kleinsten. Die jungen Füchse, die sich am Vormittag außerhalb des Baus gezeigt hatten, gehörten zu den Kleinsten. Möglicherweise hatte der Hunger sie unruhig werden lassen, weil die größeren und stärkeren Geschwister den Löwenanteil des Futters gefressen hatten? An der Böschung hatten die Fuchsjungen nun den Stockfisch gerochen. Sie mühten sich ab, die zähen Bissen zu kauen, aber als sie alles aufgefressen hatten, wollten sie mehr. Zum Glück wehte der leise Wind mir entgegen. Ich versuchte, mich nur dann zu bewegen, wenn die Aufmerksamkeit der Füchse sich auf die andere Richtung konzentrierte, und erstarrte, wenn sie in meine Richtung blickten oder nervös wurden. Sie kamen die Böschung hinauf. Als ich die Kamera vorsichtig hervorzog und anfing zu knipsen, ahnten sie vermutlich, dass sich dort oben an der Böschung etwas regte, aber sie flohen nicht. Der Stockfisch war es wohl wert, ein Risiko einzugehen.

Vielleicht zehn Meter entfernt, direkt unterhalb der Böschung, an der ich saß, gab es zwischen den Baumwurzeln am Waldboden noch eine zweite Öffnung des Baus. Die Welpen gingen an beiden Eingängen aus und ein. Außerdem liefen sie ständig über die flache Lichtung zwischen den Öffnungen, über die der Waldweg führte. Im Laufe des Nachmittags, als die Welpen unter der Erde eine Ruhepause einlegten, bemerkte ich einen ausgewachsenen Fuchs, der ein Stück vom Bau entfernt zwischen den Nadelbäumen umherschlich. Er blickte in meine Richtung und ging ein paar Mal auf und ab, bevor er verschwand. Wahrscheinlich wusste der Fuchs um meine Anwesenheit und verzichtete auf einen Besuch bei den Welpen. Es war höchste Zeit, zusammenzupacken und die Fuchsfamilie in Ruhe zu lassen.

Neun Welpen sind sicherlich das Maximum für eine Fähe. Es ist ungewöhnlich, dass sie so viele Junge ernährt, da es vermutlich schwierig für die Mutter ist, mehr Welpen aufzuziehen, als sie Zitzen hat – daher sind es meist sechs Welpen. Wenn dieser große Wurf von nur einer Füchsin stammte, wurde ihr sicher in der ersten Zeit geholfen. Bereits am ersten Tag hatte ich zwei ausgewachsene Füchse am Bau gesehen. Der misstrauische Fuchs, der zwischen den Fichten umherschlich, war sehr schön kupferrot mit einer markanten weißen Schwanzspitze. Der Fuchs hingegen, der das Eichhörnchen brachte, hatte eher strohgelbes Fell und nur ganz wenige weiße Haare am Schwanz. Es stellte sich heraus, dass beide Fähen waren. Vielleicht hatten beide einen Wurf zur Welt gebracht und arbeiteten nun zusammen, um die Welpen gemeinsam großzuziehen. Vielleicht hatte aber auch eine der Fähen so viele Jungen, dass sie nicht allein zurechtkam und die andere mithalf. Ohne einen wirklich verlässlichen Anhaltspunkt zu haben, ging ich wie selbstverständlich davon aus, dass die Wachsame, Kupferrote das ältere und erfahrenere der beiden Tiere war.

Zwischen den ausgewachsenen Fähen in einer Familiengruppe kann es während des Frühjahrs zu Spannungen kommen. Die dominante Fähe hindert untergeordnete Füchsinnen häufig daran, sich zu vermehren. Und wenn sie trächtig werden, kann es durchaus sein, dass sie ihren Wurf nicht austragen können oder dass dessen Aufzucht misslingt. Fuchsfähen in Gefangenschaft töten nicht selten ihre eigenen Welpen kurz nach der Geburt, wenn sie mit einer Fähe mit einem höheren Status zusammenleben – dies passiert sogar, wenn die Fähen sich in voneinander getrennten Käfigen befinden. Die dominante Fähe scheint Signale auszusenden, Düfte oder Laute zum Beispiel, von denen die untergeordnete Fähe so gestresst wird, dass sie als Mutter vollkommen versagt. In großen Gehegen, in denen Fähen sich frei bewegen können, hat man beobachtet, wie dominante Fähen in der Zeit der Paarung und Aufzucht regelrechte Mobbingkampagnen gegen konkurrierende Füchsinnen inszenierten. Vielleicht versuchten sie, einen zusätzlichen Wurf zu vermeiden, der um das Futter und die Unterstützung des Rüden konkurriert. Die dominante Fähe kann darüber hinaus die verhinderte Mutter als Babysitterin rekrutieren. Das Mobbing dominanter Fuchsmütter kann sich auch gegen andere ausgewachsene Mitglieder der Familiengruppe richten, die keine eigenen Welpen haben. Möglicherweise liegt es daran, dass die Welpen und die Mutter ihr Futter nicht mit anderen Familienmitgliedern teilen wollen.

Doch trotz solcher Konflikte gibt es viele ausgewachsene Fähen, die während der Zeit der Paarung und Aufzucht mit einer Familiengruppe zusammenleben. Häufig sind sie miteinander verwandt, als Mütter, Töchter oder Schwestern. Es liegt vielleicht an den Genen, dass sie einander trotz allem tolerieren.

Ich wartete einige Tage, bis ich mich wieder am Bau sehen ließ. Als ich auftauchte, saßen vier Welpen auf der Bergkuppe über der Öffnung des Baus. Sie blieben einfach sitzen und sahen mich an. Mir fiel nichts Besseres ein, als mich auch auf den

Weg zu setzen. Wieder war ich erstaunt über die unterschiedliche Größe der Welpen. Der Größte, der auch ein rötlicheres Fell hatte als die anderen, verschwand nach einigen Minuten im Bau. Ihm folgte eines seiner Geschwister. Die beiden anderen blieben sitzen und sahen mich an, aber mitten auf dem Weg zu sitzen, schien mir auf Dauer keine gute Idee zu sein. Ich stand leise auf und ging in einem großen Bogen rund um die Kuppe, auf der die beiden kleinen Fuchswelpen noch immer saßen. Sie verfolgten mich mit ihren Blicken, während ich den Hang zu meinem Stammplatz hinaufkletterte. Sie kamen mir nach. Der Größere der beiden lief an mir vorbei, um mich von oben zu betrachten. Der Kleinere kam direkt auf mich zu und packte den Rucksack, den ich ins Heidekraut geworfen hatte. Er biss, riss und zerrte an den grünen Riemen, bis er es leid war und wieder hinunter zum Bau lief.

Die beiden kleinen Burschen kümmerten sich nicht mehr um mich, blieben aber im Freien. Hin und wieder spielten sie, dann dösten sie wieder, wobei sie dicht beieinanderlagen. Einer von ihnen kaute an einem großen Stock, den er mit viel Mühe herangeschleppt hatte. Als einer der Welpen im Bau verschwand, blieb der andere weiter draußen. Er legte sich zusammengerollt auf den Felsen, die Schwanzspitze in der Halsgrube versteckt, die Schnauze unter dem Schwanz. Genauso liegt Topsy zu Hause in ihrem Korb. Und während ich den schlafenden Fuchs durchs Fernglas beobachtete, hatte ich das Gefühl, dass irgendwo hinter mir ein ausgewachsener Fuchs lauerte. Der Lärm der Vögel ließ mich misstrauisch werden. Buntspecht und Kohlmeise schlugen oben auf dem Kamm des kleinen Höhenzugs Alarm, und die warnenden Laute wanderten mit den Vögeln, genau wie Vögel, die von Zweig zu Zweig hüpfen und einem Fuchs folgen, der ihren Nistplätzen zu nahe kommt. Ich drehte mich ein paar Mal um, sah aber nichts. Als tatsächlich ein ausgewachsener Fuchs auftauchte, kam er aus der entgegengesetzten Richtung. Es war die gelbliche Fähe, ein einzelner Welpe rannte auf sie zu. Sie begrüßten sich hinter ein paar Fichten, sodass ich nicht richtig sehen konnte, ob der Welpe, der vor dem Bau gewartet hatte, für seine Geduld mit etwas zu fressen belohnt wurde. Die beiden Füchse liefen auf den Felsen, und dort setzte sich die Begrüßung fort, der kleine Fuchs sprang dem großen zwischen den Beinen herum, der Schwanz peitschte von einer Seite zur anderen, und ständig berührte er damit die Schnauze der Füchsin. Die Schnauze ist bei Hunden und Füchsen ein empfindlicher Bereich. Zu Hause erlebe ich, wie schwer es Topsy fällt, den Leuten vor Begeisterung nicht den Mund zu lecken, obwohl sie weiß, dass wir das nicht wollen.

Während einer der kleinsten Welpen des Wurfs die Zeit allein mit der Mutter oder der Tante genoss, gellte ein fürchterlicher Schrei durch den Wald. Die beiden Füchse zuckten zusammen und blieben mit gespitzten Ohren stehen. Das Geräusch war scharf und kratzend und lag irgendwo zwischen einem kurzen Schrei und einem langgezogenen Bellen. Es wurde mit zwei, drei Sekunden Abstand wiederholt. Erst nach mehreren dieser Schreie entschied sich das Fuchsjunge, in den Bau zu kriechen. Die Füchsin blieb noch einen Moment stehen, um dann ganz ruhig davonzuschleichen. Vielleicht war sie es gewohnt, mit einem Familienmitglied zu leben, das sehr schnell Alarm schlug. Die Füchse waren längst verschwunden, aber die Schreie waren noch immer zu hören. Wieder fühlte ich mich ertappt, der Alarm wollte nicht aufhören, es war zweifellos Zeit aufzubrechen. Allerdings waren meine Sachen über den Waldboden verteilt und ich dachte, es wäre besser, noch ein bisschen sitzen zu bleiben und mit dem Einpacken zu warten, bis es im Wald wieder ruhig war.

Die Schreie drehten eine Runde um mich und um das Terrain mit dem Bau, ohne dass der misstrauische Fuchs zu sehen war. Auf dem größeren Waldweg hörte ich durch die Bäume die ersten Wanderer des Tages, sie diskutierten lautstark, was für Geräusche sie da hörten. Oh, ich bin's nur, der hier die Tiere des Waldes stört, dachte ich. Kein Grund, sich aufzuregen, es ist nur ein Mann im Tarnanzug, der gestellt wird, weil er sich an fremde Kinder heranschleicht. Ich hatte Helen versprochen, alles in meiner Macht Stehende zu tun, um die Füchse, auf die sie mich aufmerksam gemacht hatte, nicht zu erschrecken. Nun hatte ich das Gefühl, sie böse im Stich gelassen zu haben. Die Wanderer verschwanden, und unten sah ich einen Welpen aus der Öffnung zwischen den Baumwurzeln herausgucken. Er zuckte jedes Mal zusammen, wenn ein weiterer Alarmschrei ertönte. Als ich mich vorbeugte, um besser sehen zu können, verschwand er im Bau. Die Schreie hatten mich und den Bau ein zweites Mal umkreist, als ich beschloss, mir den misstrauischen Fuchs einmal genauer anzusehen. Die Situation wurde allmählich unhaltbar. Ich beschloss, vorsichtig auf den Kamm des Höhenzugs zu kriechen und über den Rand zu blicken. Die Aktion schien mir weniger drastisch zu sein, als jetzt abrupt mein Gepäck einzusammeln. Dort, etwas oberhalb einer kleinen Senke, saß die kupferrote Füchsin und schrie im gleichen Rhythmus wie zuvor. Sie sah mir direkt in die Augen. Ich drehte mich um und suchte meine Sachen zusammen, und während ich einpackte, kamen ein paar Krähen angeflogen und veranstalteten neben der schreienden Füchsin ein weiteres Spektakel. Die Füchsin sah ich noch einmal, als ich den Höhenzug verließ. Die Krähen hingen über ihr in der Luft. Sie schrie und schrie, und erst als ich über der nächsten Anhöhe war, wurde es endlich wieder still im Wald.

Ich hatte das Gefühl, dass ich die Füchse im Bau in Ruhe lassen sollte. Es trampelten ohnehin viel zu viele Leute über ihr Heim, und das Vernünftigste war vermutlich, zu Hause zu bleiben, aber ich konnte mich nicht wirklich von ihnen losreißen. Die Beobachtung der Welpen hatte sich bei mir zu einer Art Besessenheit entwickelt. Auch der fehlende nächtliche Schlaf war nicht unbedingt geeignet, meinen Gemütszustand im Gleichgewicht zu halten. Der Plan, den ich noch am Abend ausbrütete, bevor ich in einen tiefen Schlaf fiel, lautete jedenfalls folgendermaßen: Ich stelle den Wecker ebenso absurd früh wie beim letzten Mal. In der Küche versorgte ich mich mit einer Thermoskanne Kaffee und Proviant. Und in den Rucksack packe ich zwei Wildkameras. Dann setzte ich mich ins Auto, fuhr eine Stunde zum Parkplatz am Waldrand und marschierte zum Bau. Dort war es still. Ich stellte die beiden Wildkameras auf und ließ sie als stumme Zeugen stehen, während ich selbst einen langen Spaziergang in der Morgensonne unternahm.

Eigentlich soll man keine Wildkameras an Orten aufstellen, wo Menschen verkehren. Ich hatte auch keine Erlaubnis des Waldbesitzers, es war also ein kleiner Regelverstoß. Aber, so argumentierte ich mir selbst gegenüber, die Wahrscheinlichkeit, dass jemand ausgerechnet hier so früh am Morgen vorbeikam, an einem ganz gewöhnlichen Werktag, war nicht sonderlich groß. Als sich die ersten Wanderer auf dem häufiger frequentierten Hauptweg zeigten, ging ich zurück und baute die Kameras hastig ab. Und was bekam ich zu sehen? Menschen waren nicht auf den Aufnahmen. Die Welpen zeigten sich allerdings auch nicht, nur ausgewachsene Füchse kamen zu einer raschen Inspektion vorbei. Ich vermutete, sie waren all die Leute leid und hatten die Welpen im Laufe der Nacht an einen anderen Ort gebracht. Früher oder später beziehen Fuchsfamilien oft eine neue Basis abseits des Baus, wenn die

Welpen groß genug sind. In diesem Fall hatten sie sich wohl gedacht, früher sei besser als später, und ich redete mir ein, dass es nicht nur an meinen ständigen Beobachtungen lag, sondern auch Wanderer und Orientierungsläufer zu diesem Entschluss beigetragen hatten.

Vielleicht hatte die nervöse kupferrote Fähe das Verlegen der Welpen veranlasst, ohne deren Vater zu informieren. Der erste Fuchs, der sich vor der Kamera zeigte, war jedenfalls ein ausgewachsener Rüde. Er kam mit einem Stück Pizza, das er vermutlich den Welpen bringen wollte, und da er offenbar später als die beiden Fähen sein Winterfell wechselte, sah er ziemlich zerzaust aus. Der Fuchsvater blieb mit dem Pizzastück in der Schnauze abrupt stehen, als er die Wildkamera bemerkte. Er legte die Ohren an, starrte und schnüffelte und verschwand aus dem Bild. Vier Minuten später kam er ohne die Pizza zurück und untersuchte die Kamera näher. Er witterte in der Luft, schnüffelte am Boden, wo die Welpen gespielt hatten, und schnürte davon. Ein Reh und ein paar Drosseln tauchten in der Nähe des Baus auf. Auch die kupferrote Fähe, die am Vortag so fürchterlich geschrien hatte, zeigte sich, vielleicht um sicherzugehen, dass die Welpen fort waren. Sie inspizierte den Bereich um den Bau und den Wald daneben, steckte die Schnauze in die Bauöffnung zwischen den Baumwurzeln und verschwand wieder im Wald. Als Letztes sah ich die strohgelbe Fähe, die ganz am Rand des Kamerabildes vorbeilief. Sie trug etwas in der Schnauze, ich vermute, einen Happen Futter für die Welpen.

Ich zog daraus die Lehre, dass man nicht allzu lange an einem Fuchsbau sitzen bleiben darf. Nach einer kurzen Zeit der Beobachtung sollte man die Welpen besser wieder allein lassen, denn ausgewachsene Füchse sind wachsam. Die Wildkameras werde ich jedenfalls so schnell nicht wieder so nah an einem bewohnten Fuchsbau aufstellen. Der misstrauische Blick des Welpenvaters mit dem Pizzastück genügte mir für diese Entscheidung.

24 *Ein Fuchs schaut auf der Insel Malmøya bei Oslo zum Fenster hinein*

25 Fuchswelpen spielen in einem Garten auf der Insel Malmøya

Stadtfüchse

Einige Wochen später sehe ich einen Filmausschnitt mit einem jungen Fuchs, der versucht, in ein Haus einzudringen. Die Aufnahme wurde in Oslo gemacht, dort, wo die Stadt auf den Waldrand trifft, nicht weit entfernt von dem Fuchsbau an dem Wanderweg und dem Orientierungsposten. Ob der Welpe einer meiner »Bekannten« ist, weiß ich natürlich nicht, aber unwahrscheinlich ist es nicht. »Der ist viel zu zahm«, schreibt die Frau, die den jungen Fuchs gefilmt hat. Den Kommentaren unter dem Filmausschnitt entnehme ich, dass mehrere Nachbarn Besuch bekommen hatten.

Der Film wurde von einer Facebook-Gruppe aus dem städtischen Umweltamt ins Netz gestellt. Diese lädt die Einwohner ein, Erlebnisse mit wilden Tieren in der Hauptstadt zu teilen. Wobei die Beamten der Stadtverwaltung gleichzeitig beschwichtigend erklärten, dass es erstens nur einige wenige Füchse in Oslo gäbe und diese zweitens auch nicht gefährlich seien: Sie können froh sein, wenn Sie einen zu Gesicht bekommen, und dass Fuchswelpen hungrig, neugierig und vertrauensvoll sind, ist an und für sich nicht ungewöhnlich. Eine Bitte aber hätte man: Füttern Sie keine Füchse in Ihrem Garten. Es kann sonst schnell zu Konflikten mit den Nachbarn kommen, die etwas gegen diese aufdringlichen Tiere haben.

In diesem Jahr erregt der Fuchs vor allem auf der Insel Malmøya südlich von Oslo Aufsehen. Von unserer Wohnung aus blicke ich über den Fjord auf die grüne Insel mit dem Naturreservat, ich schaue auf Häuser, die von Gärten umgeben sind. Die Füchse auf der Insel, die nur einige wenige Kilometer Luftlinie entfernt ist, sind sehr viel zahmer als die Füchse, die in meiner Nachbarschaft umherschleichen. Bei uns plündern Füchse Hühnerhäuser im Schutze der Dunkelheit, aber selten erwischt sie jemand dabei. Auf der anderen Seite des Fjords hingegen besuchen sie die Menschen. *Musste Mikkel Rev aus dem Bett werfen*, lautet die Überschrift eines Beitrags von Norwegens staatlichem Sender *nrk.no*. Eines der Fotos, die ein Bewohner bei *NRK* geteilt hat, zeigt einen klatschnassen ausgewachsenen Fuchs, der am helllichten Tag auf einer Veranda steht und durchs Fenster guckt. Junge Füchse hüpfen auf dem Trampolin der Kinder. Sie zerbeißen auf dem Rasen einen geflochtenen Korb. Bei einigen Einwohnern ist der Fuchs jahrelang Stammgast und sie freuen sich über ihn, während andere die Belästigung leid sind. Ein Hundebesitzer von der Küste erzählt, sein Hund sei beim Kampf mit einem Fuchs verletzt worden. »Die Füchse sind aufdringlich, weil sie gefüttert werden«, erklärt Tea Turtumøygard von der Naturverwaltung in einem Interview mit der Lokalzeitung. »Wenn sie nicht mehr gefüttert werden, verschwinden sie.«

An einem hellen Sommerabend fahre ich nach Malmøya und sehe einen ausgewachsenen Fuchs, der die schmale Hauptstraße über die Insel entlangschnürt und etwas Flaches, Rundes, Weißes in der Schnauze hat. Es sieht aus wie ein Pappteller.

Die Straße ist hier schmal, mit Mauern, Zäunen und Hecken auf beiden Seiten, sodass sich nicht nur ein Fußgänger wie ich, sondern auch der Fuchs an den entgegenkommenden Autos vorbeidrücken muss. Ein mächtiger SUV stoppt, der Fahrer hält sein Handy aus dem Fenster und filmt den Fuchs von oben, als der am Auto vorbeiläuft. Der Fuchs verschwindet in einem Waldstück.

Ein paar Wochen später leitet mir ein Bekannter ein Video weiter, das er von einer Kollegin bekommen hat, die auf Malmøya gebadet hat. »Ich habe nichts zu fressen für dich«, sagt die freundliche Stimme hinter der Kamera. Der Ton ändert sich, als der Fuchs die Strandtasche packt und mit ihr davonläuft. Die Geschichte erinnert mich an meinen Malmøya-Fuchs. Noch am Nachmittag springe ich ins Auto und fahre wieder nach Malmøya, aber an den Stränden gibt es keine Füchse zu sehen; diesmal kann ich lediglich einen Fuchs in einem der Gärten *hören*, in die ich nicht hineinkomme. Offenbar ist er über irgendetwas beunruhigt. Die Gartenfüchse auf Malmøya schreien auf die gleiche Weise wie die misstrauische Fähe im Wald.

Stadtfüchse sind kein besonderes Osloer Phänomen. Der Rotfuchs hat nach und nach viele Städte Europas erobert, vor allem Großbritannien ist bekannt für seinen großen Bestand an urbanen Füchsen. Eine Ursache könnte sein, dass die Britischen Inseln lange frei von Tollwut und Fuchsbandwurm waren, dadurch wurde der Fuchs zu einem populären Gast in englischen Gärten. In Bristol, im Südwesten Englands, waren die Stadtfüchse Gegenstand eines langfristigen Forschungsprogramms. Einige Stadtteile haben dort einen extrem dichten Bestand an Füchsen, die häufig in den Gärten der Städter Quartier und Nahrung suchen und sich dort vermehren. 1994 wurden diese Stadtfüchse durch eine Räude-Epidemie beinahe ausgerottet.

26 Morgendliche Idylle mit einem Fuchsvater (auf dem Rücken liegend) und einem großen Welpen in einem Garten auf der Insel Malmøya

Ähnlich wie einige Jahre zuvor in Skandinavien nutzten Wissenschaftler den Ausbruch für ein natürliches Experiment. Sie fanden viel über das flexible soziale Leben und die Anpassungsfähigkeit der Füchse heraus, indem sie die Lebensverhältnisse der Tiere vor der Räude und direkt danach miteinander verglichen, als es für die Füchse, die überlebt hatten, plötzlich sehr viel mehr Platz gab.

Klassenbewusst, wie die Briten nun einmal sind, haben sie selbstverständlich auch untersucht, wie der Stadtfuchs in die soziale Landschaft passt. Urbane Füchse gehören der Mittelklasse an, erklärten die Zoologen Stephen Harris und Phil Baker von der University of Bristol in ihrem 2001 erschienenen Buch *Urban Foxes*. Sie stellten fest, dass sich die meisten Füchse in den Gärten hinter den Reihenhäusern aufhielten, die in vielen britischen Städten in der Zeit zwischen den Weltkriegen entstanden sind. Dort gibt es immer ein paar Büsche und Hecken, die als Versteck dienen, oder Schuppen, unter denen die Füchse ihren Bau graben können. In vielen englischen Städten etablierte sich der Rotfuchs während der Nachkriegsjahre in solchen Außenbezirken, später drang er aber auch bis zum Stadtkern vor, in Futterbereiche und Wohngebiete, die aus der Sicht des Fuchses eigentlich weniger ideal sind.

Der Nestor der Forschung über urbane Füchse, der bereits erwähnte Stephen Harris, ist im Übrigen ein eifriger Verteidiger der Stadtfüchse. Sie sind weder ausgehungert, erklärt er in seinen Büchern immer wieder, noch sind sie kränker als Füchse auf dem Land. Und wenn ein Stadtfuchs räudig aussieht, liegt es meist daran, dass er gerade sein Fell wechselt. Allerdings bezweifele ich, dass sich Leser von seiner Versicherung beruhigen lassen, domestizierte Tiere würden nur »einen kleinen Teil der Nahrung« von Stadtfüchsen ausmachen. Harris weist allerdings auch darauf hin, dass die Käfige von Hühnern oder

Kaninchen grundsätzlich gesichert werden müssen, egal wie viele Füchse es in der Nachbarschaft gibt. Und eine Hauskatze läuft eher Gefahr, von einem Auto überfahren als von einem Fuchs totgebissen zu werden. Normalerweise meiden Katzen und Füchse einander.

In Bristol leben die Füchse zum großen Teil von dem Futter, das sie von den Einwohnern bekommen. Harris und Baker empfehlen in ihrem Buch *Urban Foxes* sogar, die Füchse zu füttern, nicht weil die es nötig hätten, sondern weil die Menschen Freude daran haben, Füchse aus nächster Nähe zu beobachten. In einer Fernsehdokumentation aus dem Jahr 2017 zeigen Stephen Harris und seine Frau, wie sie Futter auf dem Rasen auslegen und die hungrigen Gäste im Garten durch ihr Wohnzimmerfenster beobachten. Die lokalen Behörden in Bristol hingegen raten von der Fütterung ab. Wie in Oslo halten sie die Situation jedoch nicht für dramatisch und betonen, dass die Gefahr, die von Füchsen für Menschen und Katzen ausgeht, klein ist. Im Laufe der Jahre hat es in Großbritannien nur einige wenige Fälle gegeben, wo Füchse Menschen gebissen und verletzt haben, unter ihnen unbeaufsichtigte Säuglinge oder Kleinkinder. Das passiert sehr selten, ist aber natürlich erschreckend genug. Dennoch, die Gefahr, von einem Hund gebissen zu werden, ist sehr viel größer, sowohl für Erwachsene wie für Kinder. Es ist kein Fall bekannt, dass in Großbritannien ein Mensch durch einen Fuchsbiss zu Tode gekommen ist – das Land ist ja seit Langem frei von der Tollwut –, während es regelmäßig vorkommt, dass Menschen von Hunden getötet werden. Aber Stephen Harris hat natürlich recht, wenn er davor warnt, Füchse aus der Hand fressen zu lassen oder sie gar ins Haus einzuladen.

Die urbanisierten Füchse vollständig loszuwerden, ist nicht einfach. Der Stadtfuchs hat viele Möglichkeiten, sich sein Futter zu beschaffen: Überall gibt es Ratten und Mäuse, Enten und Tauben, Regenwürmer in den Parks – und natürlich die Lebensmittelreste aus Haushalten, Restaurants und Fastfood-Ketten. Rotfüchse sind daher in Oslo überall zu sehen, sogar mitten im Zentrum. Die Frage ist, wie wir in der Praxis mit den Stadtfüchsen zusammenleben wollen. Wollen wir sie wirklich in unsere Wohngebiete einladen, wo sie Vertrauen zu uns fassen und sich zahlreich vermehren? So, wie es momentan aussieht, würde ich es lieber bleiben lassen.

27 *Silberfuchswelpen in den Armen des Pelztierzüchters Sigbjørn Kirkebøen*

Pelztiere

Seit über hundert Jahren ist der Fuchs auch ein Zuchttier. Zeitweilig haben in Norwegen weit mehr Zuchtfüchse als wilde Füchse gelebt, im Jahr 1989 gab es beispielsweise mehr als siebenhundertsiebzigtausend Füchse auf Pelztierfarmen im ganzen Land. Damit ist es jetzt bald vorbei. Das norwegische Parlament Storting hat nach vielen Debatten beschlossen, die Pelztierzucht zu verbieten. Im Streit vor der Annahme des Gesetzes ging es unter anderem um die Natur des Zuchtfuchses: Ist er im Grunde ein Haustier, das sich dem Leben in Gefangenschaft angepasst hat? Oder ähnelt er noch immer dem Fuchs draußen im Wald und in den Bergen – hat er sich so viel von einem Wildtier bewahrt, dass er in den engen Käfigen unter Langeweile leidet?

Auf der Prince-Edward-Insel östlich von Kanada wurden die Füchse ein für alle Mal von den Menschen überlistet und zu Stammvätern von Millionen Nachkommen in Gefangenschaft gemacht. Bereits um das Jahr 1880 wurden die ersten Silberfüchse – also Rotfüchse mit schwarzem und silbergrauem Fell – gefangen und als Zuchttiere gehalten. Der Pelz war gefragt. Die Zucht von Silberfüchsen lohnte sich. Das Wort »Silberfuchs« bekam bald eine verwirrende Doppelbedeutung: Zum einen bezeichnete es die Farbvariante eines Fells mit schwarzer Grundfarbe und hellen Haarspitzen. Zum anderen wurde der Begriff »Silberfuchs« umgangssprachlich für jede Art von Rotfüchsen verwendet, die auf Pelztierfarmen für die Zucht eingesetzt wurden. Im Laufe der Jahre kreuzten die Züchter Füchse mit rötlichem Fell mit ihren Silberfuchsbeständen und bekamen neue Sorten mit weiteren Farbbezeichnungen, darunter den Goldfuchs. Auch er galt als Silberfuchsvariante.

Kurz vor Ausbruch des Ersten Weltkrieges entschied ein Norweger, im großen Stil in Silberfüchse zu investieren. Der Großhändler Arne Christensen kaufte für zehntausend Dollar ein Paar Zuchtfüchse von einem kanadischen Züchter – ein für die damaligen Verhältnisse schwindelerregender Betrag. Das Silberfuchspaar Amund und Amanda kam im Januar 1914 mit dem Schiff nach Kristiania, wie Oslo damals hieß, begleitet von einem kanadischen Anwalt, der auf Christensens Rechnung reiste. Amund und Amanda markierten den Beginn des europäischen Silberfuchsstammes.

Viele wollten in die Pelzproduktion investieren, und in den ersten Jahren verdiente Christensen gut mit dem Verkauf von lebenden Tieren – also lebenden Silberfüchsen. Es wurden weitere Zuchttiere aus Kanada importiert. Gegen Ende der 1930er Jahre gab es mehr als zwanzigtausend Pelztierfarmen in Norwegen, in denen bis zu einer halben Million Silberfüchse gehalten wurden. Bei der Osloer Pelzauktion wurden mehr als dreihunderttausend Pelze pro Jahr versteigert. Eine neue Farbvariante – der Platinfuchs mit hellerem Fell und silbergrauen und weißen Zeichnungen – erzielte Rekordpreise. Der erste Platinfuchs, der entdeckt wurde, war ein Rüde namens Mons, der in einem ansonsten normalfarbigen Silberfuchswurf auf einer Pelzfarm in Troms geboren worden war. Mons wurde der Stammvater von Tausenden Platinfüchsen.

Der Schneefuchs war der Ursprung einer eigenen Linie von Pelztieren. Wilde Schneefüchse wurden an vielen Orten gefangen, sowohl in Nordamerika als auch auf Grönland, Island, Spitzbergen und Jan Mayen, und zur weiteren Zucht in Norwegen und anderen Ländern verwendet. Die Farbvariante Blaufuchs – eine der beiden Varianten, die in der freien Natur vorkommen – war die begehrteste. Daher wurde »Blaufuchs« zum Sammelbegriff für Schneefüchse, die in Pelztierfarmen gehalten wurden, egal, welche Farbe sie tatsächlich hatten. Die Mode verläuft bekanntlich in Wellen, und im Laufe der Jahre waren mal Varianten des Blaufuchspelzes, dann wieder die des Silberfuchspelzes gefragt. Kreuzungen zwischen den beiden Fuchsarten wurden ebenfalls der Pelze wegen vorgenommen. Rotfuchs und Schneefuchs paaren sich in der freien Natur normalerweise nicht, aber Hybride ließen sich in den 1980er Jahren leichter produzieren, als man mit der künstlichen Besamung begann. Die Versuche mit solchen Hybriden dienten der ständigen Entwicklung von neuen und eigenen Pelzvarianten, die einen besonders hohen Preis erzielten.

Pelz ist ein exklusives Material, ein Luxusprodukt, das allerdings auch den sich ändernden Moden und Nachfragen unterliegt. Lange haben die norwegischen Behörden versucht, die Branche zu unterstützen. Sie schuf Arbeitsplätze, sie war zeitweilig ausgesprochen einträglich und sie führte zu Steuereinnahmen. Die Pelzproduktion hatte darüber hinaus einen glamourösen Anstrich. Nicht nur Stars und Prominente trugen

Pelz, sondern auch die Angehörigen des norwegischen Königshauses.

Um die Jahrtausendwende änderte sich allerdings die Einstellung zu Pelzen. Eine frühe Warnung gab es bereits 1994, als die neue Ethik-Kommission des norwegischen Landwirtschaftsministeriums empfahl, die gesamte Pelztierzucht aufzugeben. Die Ethik-Kommission war der Ansicht, dass auch die Raubsäuger auf norwegischen Pelztierfarmen – Füchse und Nerze – genau wie ihre wilden Vorväter das »grundlegende Bedürfnis hätten, ihre sozialen Muster beizubehalten, das heißt ein Revier zu behaupten, Wanderungen zu unternehmen, zu jagen, Nahrungsvorräte anzulegen und einen Bau zu graben«. Das alles könne man ihnen in einer rentablen Pelztierzucht nicht bieten.

Die Empfehlung der Ethik-Kommission wurde von den norwegischen Behörden immer wieder ignoriert. In Schweden hingegen führten ähnliche Einschätzungen dazu, dass die gesamte Pelztierzucht Ende 2021 verboten wurde. Bereits 1995 wurde in Schweden das Recht der Füchse auf Entfaltung festgeschrieben – dazu gehörte die Möglichkeit zu graben. Dies war leichter gesagt als umgesetzt. Denn bereits in den Anfängen der Pelztierzucht wusste man, dass Parasiten, wie zum Beispiel Würmer in den Eingeweiden, sich unter Füchsen, die dicht beieinander auf Erd- oder Sandboden leben, schnell übertragen. Die Gitterböden der modernen Pelztierfarmen sind die einzige praktische Lösung, die die Züchter gefunden haben, um ausreichende hygienische Standards einzuhalten, wenn man eine große Anzahl von Füchsen in einem begrenzten Bereich unterbringen will.

In Norwegen setzten sich die Behörden für Reformen ein, um die Fuchshaltung tierfreundlicher zu gestalten. Dazu gehörte der schonendere Umgang mit den Tieren. Früher wurden von den Züchtern sogenannte Nackenzangen eingesetzt, um mit verängstigten, aggressiven und damit bissfreudigen Füchsen arbeiten zu können. Von 1998 an wurde die Verwendung solcher Zangen begrenzt. Stattdessen waren die Züchter angehalten, mit »zahmeren« Tieren zu arbeiten, die sich einem Leben in Gefangenschaft besser anpassen konnten. Es dauerte einige Zeit, bis diese Empfehlungen umgesetzt wurden, da es dafür keine gesetzliche Grundlage gab und jeder einzelne Züchter für seine Pelztierfarm selbst verantwortlich war.

Zu Beginn des neuen Jahrtausends plädierten mehrere politische Parteien für das Ende der Pelztierzucht, doch nach wie vor hatten die Züchter die Unterstützung der Mehrheit im Storting, dem norwegischen Parlament. Der endgültige Beschluss zur Stilllegung der Farmen kam durch einen überraschenden politischen Kuhhandel zustande, der die Pelztierzüchter besonders verbitterte: Zunächst sprach sich die von Ministerpräsidentin Erna Solberg geleitete Regierung dafür aus, die Pelztierzucht fortzuführen. Um die Regierungskoalition zu retten, änderte die Partei der Regierungschefin aber ihren Standpunkt und stimmte im Storting für die Abschaffung der Zucht. Damit schloss Norwegen sich einer Reihe europäischer Länder an, die die Haltung von Füchsen in Pelztierfarmen bereits verboten hatten, darunter die Nachbarländer Schweden und Dänemark sowie Großbritannien. In Norwegen wurde für die Farmen eine Übergangszeit bis zum 1. Februar 2025 beschlossen. Dann soll es endlich mit der Tierquälerei vorbei sein.

Mitte Juli setzte ich mich ins Auto und fuhr nach Hemsedal, um mir eine norwegische Pelztierfarm anzusehen, bevor es zu spät war. Ich sah zu, wie Sigbjørn Kirkebøen die Luke vom Metallgitter hob und sich weit in den Käfig hinunterbeugte, um an die Welpen heranzukommen, die sich an die Rückwand drängten. Er nahm einen der Welpen in die Hand und drückte ihn an seinen Körper, während er mit der anderen einen zweiten Welpen aus dem Käfig holte. Die kohlschwarzen Welpen mit den weißen Schwanzspitzen hörten jetzt auf zu zappeln; die circa sieben Wochen alten kleinen Füchse hingen einfach in den Händen des Pelztierzüchters und guckten mit großen Augen um sich. Ihre Mutter verfolgte das Geschehen von ihrem Aussichtsplatz auf einem Gitterbord hoch oben im Käfig, den sie sich mit ihren Welpen teilte. Wir standen in einem langgestreckten Holzgebäude mit einem schrägen Wellblechdach und einer Reihe von Fuchskäfigen an beiden Seiten des Mittelgangs. Frische Luft strömte herein. Auch war kein künstliches Licht notwendig, das Tageslicht war hell genug.

Die Pelztierfarm hatte acht solcher Gebäude, die nebeneinander am Fluss Hemsila standen. Wir gingen in das nächste Langhaus. Dort gab es Welpen, die etwas früher geboren und bereits von der Mutter getrennt waren. Wieder holte der Züchter ein paar kleine Füchse aus einem Wurf von insgesamt sechs Welpen aus dem Käfig. Er nahm sie mit ins Freie, damit ich sie in besserem Licht fotografieren konnte.

»Hier, siehst du, sie bekommen langsam silberne Haare«, erklärte Kirkebøen.

Und tatsächlich, die circa neun Wochen alten Silberfuchswelpen fingen an, ihrem Namen zu entsprechen. Über der schwarzen Grundfarbe waren helle Haarspitzen zu erkennen, die das silberartige Farbspiel erzeugten, das ihren Pelz so begehrenswert werden lässt. Im Laufe des nächsten halben Jahres würden diese kleinen Füchse groß werden, und im Herbst würde ihnen ein dichtes, schimmerndes Winterfell wachsen. Kurz vor Weihnachten sollten die Tiere getötet und gehäutet werden, wenn sie nicht als Zuchttiere ausgewählt wurden und noch einige Jahre weiterleben durften. Die Felle werden für Mäntel und andere Kleidung verwendet.

Die Anlage von Sigbjørn Kirkebøen entsprach den Vorschriften der norwegischen Behörden, die in den letzten Jahrzehnten zur Verbesserung der Lebensumstände von Pelztieren erlassen worden waren. In jedem Käfig lagen angenagte Holzstöcke. Sie verschafften den Tieren ein wenig Abwechslung in dem sonst recht eintönigen Käfigdasein. Die ausgewachsenen Füchse hatten außerdem Knochen, an denen sie nagen konnten. Die Gitterborde unter dem Käfigdach boten den Füchsen zudem eine Aussichtsplattform, die sie offensichtlich schätzten. Außerdem gab es neue Vorschriften hinsichtlich der Käfiggröße. Eine Fähe mit großen Welpen hatte zum Beispiel Anrecht auf zwei Quadratmeter Bodenfläche, in der Praxis waren es häufig 2,4 Quadratmeter. In diesem Jahr bekamen die jungen Füchse bei Kirkebøen zusätzlichen Platz, da er die Anzahl der Tiere verringert hatte. Die meisten Käfige waren in Abteilungen aufgeteilt, abgetrennt durch eine Luke, die sich öffnen und schließen ließ. So konnten sich mehrere Füchse das gesamte Areal teilen oder aber nach Bedarf getrennt werden. Die Vorschriften besagen, dass heranwachsende Welpen mit einem oder mehreren Geschwisterteilen untergebracht werden sollen, damit sie spielen und miteinander kämpfen können wie junge Füchse in freier Natur – zumindest solange die Kämpfe nicht zu heftig werden.

Wir kamen zu einem Gebäude mit Einzelkäfigen für ausgewachsene Silberfüchse. Ohne viel Aufheben zu machen, zeigte mir Kirkebøen seine Glanznummer. Er beugte sich zu einer ausgewachsenen Fähe in den Käfig. Mit der einen Hand packte er ihre Hinterbeine und zog ihre hintere Körperhälfte zu sich heran. Die andere Hand legte er ihr stützend unter die Brust, dann hob er die große Füchsin aus dem Käfig und drückte sie an seinen Körper. Sie betrachtete mich. Das Fuchsgesicht sah skeptisch aus, aber sie war ruhig und versuchte nicht, sich loszureißen oder zu beißen. Weder mich noch die ungeschützten Hände des Pelztierbauern.

»Vor zwanzig Jahren hatten wir keine Tiere, mit denen wir so umgehen konnten«, sagte er.

Schon damals gab es einzelne Füchse, die zahmer waren als andere, aber nun waren die allermeisten Füchse der Farm so zutraulich, dass Kirkebøen sie sorglos mit bloßen Händen hochheben konnte. Er hatte früh mit der Zucht zahmer Füchse begonnen, und ich war durch einen Informationsfilm über Pelzzüchter auf ihn aufmerksam geworden, den Norwegens Umwelt- und Biowissenschaftliche Universität (NMBU) im Auftrag des norwegischen Pelztierverbandes produziert hatte.

Die Arbeit mit zahmeren Tieren mache den Alltag auf der Farm einfacher und angenehmer, hieß es in dem Informationsfilm. Als der Film gedreht wurde, hatte der Streit um die Zukunft der Pelztierzucht seinen Höhepunkt erreicht, aber noch waren die Pelztierzüchter optimistisch.

Ich selbst kannte niemanden, der einen Pelz trug. In meiner Jugend waren Pelzmäntel das Markenzeichen alter Damen, und in den letzten Jahren bekam er einen so schlechten Ruf, dass die Leute keinen Pelz mehr trugen, selbst wenn zu Hause einer im Schrank hing. Pelz tragen stand für Tierquälerei. Internationale Kampagnen mit Supermodels, die schworen, sie würden lieber nackt auftreten, als mit einem Pelz herumzulaufen, hatten offensichtlich ihr Ziel erreicht. In Norwegen hatten Tierschutzaktivisten gegen die Pelztierhaltung mit aufsehenerregenden Einbrüchen in Pelztierfarmen und Sabotageakten protestiert. Nerze und Füchse wurden aus ihren Käfigen befreit, Pelzgeschäfte verwüstet, Produktionsanlagen für Pelzbekleidung sogar mit Molotowcocktails in Brand gesetzt, und auch das Institut für Pelztierforschung an der norwegischen Landwirtschaftshochschule war irgendwann heimgesucht worden.

Diese Aktionen waren für die Betroffenen erschreckend und teuer, für die Pelzgegner aber wenig erfolgreich. Eine andere Aktion hatte einen größeren Effekt. Eine Gruppe von Aktivisten kletterte nachts über die Zäune und drang in norwegische Pelztierfarmen ein, um dort zu filmen. Später taten sie sich mit einem Dokumentarfilmproduzenten zusammen. Die Vertreter der Branche mussten wieder und wieder Fotos und Filmaufnahmen aus Pelztierfarmen kommentieren, die sich eindeutig nicht an die gesetzlichen Regeln hielten. Man sah Nerze und Füchse mit Wunden und abgebissenen Schwänzen. Man sah marode Anlagen und allerlei Hinweise auf mangelnde Hygiene und hörte Pelztierzüchter, die erklärten, was man tun müsse, um bei den staatlichen Inspektoren einen guten Eindruck zu hinterlassen. Keiner von ihnen hielt sich dabei an die Regeln. Die Züchter wehrten sich gegen den Eindruck, den die Fernsehbeiträge vermittelten. Sie behaupteten, die Bilder würden Ausnahmefälle zeigen und keineswegs typische Situationen. Sie distanzierten sich von den Züchtern, die die Vorschriften missachteten, und schlossen einzelne Mitglieder aus dem norwegischen Pelztierverband aus, aber der Schaden war angerichtet. Fernsehdokumentationen und Nachrichtenbeiträge mit Beispielen von vernachlässigten Tieren trugen dazu bei, den Ruf der Branche weiter zu beschädigen, und schwächten zweifellos die politische Unterstützung für die Pelztierzüchter.

»Das war nicht einfach«, sagte Sigbjørn Kirkebøen, als wir bei trübem Wetter vor den Fuchsställen standen. »Es gab einen ziemlich aggressiven Widerstand. Wir verloren ständig an Boden, und im Nachhinein muss man einfach einsehen, dass wir

28 Ausgewachsener Platinfuchs auf der Aussichtsplattform des Käfigs

viel zu defensiv und vorsichtig waren, wenn es darum ging zu zeigen, wie Pelztierzüchter arbeiten. Tja, wir agierten ja geradezu im Verborgenen.«

Aus dem nächsten Gebäude waren aufgeregte Tierstimmen zu hören. Das Klangbild erinnerte eher an den tropischen Regenwald als an Geräusche, die man in Hemsedal von Füchsen erwarten würde.

Während der Streit um die Pelztierzucht tobte, führte Kirkebøen häufig Besuchergruppen auf seiner Farm herum, um seinen und den Ruf der Branche zu verbessern. Er und seine Kollegen wiesen gern darauf hin, dass ihre heftigsten Gegner nicht nur gegen die Haltung von Pelztieren waren, sondern die Nutztierproduktion generell ablehnten. Hätten sie erst einmal die Pelztierzucht abgeschafft, würden sie auch gegen die Produktion von Fleisch, Milch und Eiern vorgehen. Kirkebøen war der Ansicht, dass die Anführer des Widerstands für andere Werte eintraten als die Mehrheit der Norweger – so behaupteten die Tierschützer, Tiere hätten genauso viel Rechte wie Menschen und verdienten ebenso viel Schutz.

Aber, hakte ich nach, das größte Problem der Pelztierbauern in der Debatte dürften doch wohl die Veterinärmediziner gewesen sein? Sowohl die Vereinigung der Veterinärmediziner als auch das Staatliche Institut für Veterinärmedizin hatten sich für ein Ende der Pelztierzucht ausgesprochen, und sie konnte man kaum als extreme Aktivisten bezeichnen. Allerdings schätzten die Haustierforscher des NMBU, die seit den 1980er Jahren das Verhalten von Pelztieren studiert hatten und sich für bessere Zustände in den Käfigen einsetzten, ihrerseits die Haltung der Zuchtfüchse als »akzeptabel« ein, solange die Vorschriften eingehalten würden.

Kirkebøen schüttelte ein wenig den Kopf über meinen Hinweis auf die Veterinäre. Unter den Tierärzten, die sich mit

Pelztierzucht auskannten, hätte es nur geringen Widerstand gegeben, sagte er. Aber nur wenige Veterinärmediziner hätten wirklich Erfahrung mit Pelztieren. Seinem Eindruck nach hatte ein immer größerer Anteil von Tierärzten inzwischen nur noch mit Schmusetieren zu tun und kaum Erfahrungen mit der Behandlung von Nutztieren hatte.

Ich wusste nicht, was ich dazu sagen sollte. Ich hatte nicht genug Einblick in die Praxis von Tierärzten. Sieht man im Zuchtfuchs ein Nutztier, ist der Blick ein anderer – ähnlich wie bei Kühen: Die meisten Norweger trinken ohne groß darüber nachzudenken Milch von Kühen, die nur deshalb in die Milchproduktion fließt, weil das Kalb gleich nach der Geburt von der Mutter getrennt wird. Und niemand würde sich damit herausreden, dass Kühen eben der Mutterinstinkt fehlt oder Kälber es vorziehen, ohne ihre Mütter aufzuwachsen.

Ohnehin lautete das Argument für die Einstellung der Pelztierzucht nicht, dass Pelztiere mit Haus- oder Schmusetieren wie Hund und Katze gleichzusetzen sind. Eher ging es darum, dass die Zuchttiere nach wie vor ihren wilden Verwandten ähneln. Silberfuchs, Blaufuchs und Nerz wären »wenig domestiziert«, also wenig angepasst an das Leben in Gefangenschaft, behaupteten zum Beispiel die Vereinigung der Tierärzte und Tierschutzorganisationen.

Wie unterscheiden sich Silberfüchse auf Pelztierfarmen von wilden Rotfüchsen? Selbstverständlich sind Zuchtfüchse geprägt von der anderen Umgebung, in der sie aufwachsen. Außerdem hat sie die Domestizierung erheblich verändert – das heißt, ihre Erbanlagen sind ein Stück weit dem Leben in Gefangenschaft angepasst, obwohl sie für die Anpassung sehr viel weniger Zeit hatten als beispielsweise Hühner, Kühe oder Schweine, die seit Jahrtausenden Nutztiere sind. Die Domestikation ist ein Prozess, der beginnt, sobald Tiere in Gefangenschaft sind oder eng mit Menschen zusammenleben. Es kommt zu einer gewissen Auslese, auch wenn die Menschen keine gezielte Zucht betreiben.

Die Wissenschaft allein kann keine Antwort darauf geben, ob das Leben in einem Käfig gut für das Wohlbefinden eines Fuchses ist. Das Leben in einem Käfig ist zweifellos langweilig. Es bietet zu wenig Raum zur Entfaltung. Verhaltensforscher, die mit Silberfüchsen aus Pelztierfarmen arbeiteten, haben festgestellt, dass die Tiere das komplette Verhaltensrepertoire ihrer wilden Vorväter bewahrt haben. Sie sind lediglich vielleicht etwas weniger reaktiv, brauchen also mehr Reize, bevor sie reagieren, oder reagieren auf Reize weniger heftig. Sie zeigen insgesamt weniger Emotionen. Und gerade das macht den ruhigen Charakter domestizierter Tiere aus, doch die Frage ist nicht, ob Tiere überhaupt, sondern bis zu welchem Grad sie domestiziert werden sollen.

Tatsächlich waren Silberfüchse aus Pelztierfarmen Gegenstand des umfangreichsten und längsten wissenschaftlichen Experiments, das jemals durchgeführt wurde, um herauszufinden, was geschieht, wenn Tiere domestiziert werden. Bei dem Experiment, das in den 1950er Jahren in der Sowjetunion begann und im heutigen Russland fortgesetzt wird, wurden über mehrere Generationen immer zahmere und zutraulichere Füchse gezüchtet. Der norwegischen Zuchtarbeit diente es als direktes Vorbild, um auf den Pelztierfarmen ebenfalls zahmere Tiere zu züchten. Die mehr als sechzigjährige Geschichte dieses Domestikationsexperiments mit Silberfüchsen hat darüber hinaus neue Antworten geliefert, wie der Hund zahm wurde und ob der Fuchs sich möglicherweise als Haustier eignet.

Kuschelfüchse

Nicht nur der Fuchs aus Fleisch und Blut ist ein vielseitiges Wesen. Auch in der Literatur trifft man auf die verschiedensten Fuchsgestalten, die bisweilen ganz anders sind als der schurkische Reineke Fuchs. In dem französischen Kinderbuchklassiker *Der kleine Prinz* zum Beispiel begegnet der Prinz einem Fuchs, der sich als kluges und empfindsames Wesen erweist, mit einer größeren Selbsteinsicht als viele Menschen. »Mein Leben ist eintönig. Ich jage Hühner, die Menschen jagen mich. Alle Hühner gleichen einander, und alle Menschen gleichen einander. Ich langweile mich also ein wenig. Aber wenn du mich zähmst, wird mein Leben wie durchsonnt sein. Ich werde den Klang deines Schrittes kennen, der sich von allen andern unterscheidet. Die anderen Schritte jagen mich unter die Erde. Der deine wird mich wie Musik aus dem Bau locken.«

Der kleine Prinz findet nie die Zeit, den Fuchs zu zähmen. Dennoch hat er etwas von der Begegnung mit dem Tier, das gezähmt werden will, denn es erinnert den Prinzen an die

Werte von Freundschaft und Liebe. Und an die Beziehungen zu anderen Menschen, die der Prinz zurückgelassen hat. Die Erinnerung führt dazu, dass er Heimweh bekommt.

Es ist sicher fraglich, ob echte Wildtiere sich danach sehnen, gezähmt zu werden. Bei uns Menschen hingegen ist der Drang, Tiere zu halten, so intensiv, dass Menschen wieder und wieder versucht haben, den Rotfuchs zu zähmen. Ich bin auf viele Erzählungen dieser Art gestoßen. Ein Freund schickte mir ein Schwarzweißfoto seines Onkels, der in den siebziger Jahren einen Rotfuchs besaß. Der Fuchs war verschmust und zahm wie ein Hund, behauptete der Onkel in einem Zeitungsartikel. Für gewöhnlich stand der Fuchs mit auf der Bühne, wenn der Onkel als Zauberkünstler auftrat. Vor wenigen Jahren wurde ein norwegischer kupferroter Schmusefuchs, den der Besitzer als Welpe auf einer Pelztierfarm gekauft hatte, auf Instagram als Ayla the Fox berühmt, bevor er entwischte und umkam. In meiner eigenen Nachbarschaft lernte ich einen Mann kennen, der erzählte, er hätte sich einmal um einen wilden Fuchswelpen gekümmert, nachdem die Mutter gestorben war. Die Katzen der Familie brachten dem Fuchs bei, stubenrein zu werden, behauptete er. Nach einer Weile mussten sie allerdings die Katzenklappe verschließen und jedes Mal die Schnauze des jungen Fuchses kontrollieren, wenn er rausmusste, denn er schnappte sich liebend gern alle möglichen Gegenstände im Haus und versteckte sie draußen. Ein anderer Mann, den ich kennenlernte, fütterte einen Fuchs, der regelmäßig zu Besuch kam. Die beiden wurden immer vertrauter, und als der Fuchs die Räude bekam, tischte der Mann dem Tierarzt und dem Apotheker eine Geschichte auf, um an rezeptpflichtige Medikamente für einen fiktiven Hund namens Mikkel zu kommen.

In gewisser Weise lässt der Fuchs sich also zähmen. Durch das große russische Fuchsexperiment wurde es leichter als je zuvor, Füchse zu züchten, die ein angeborenes Talent haben, mit Menschen umzugehen – nicht unähnlich dem Verhalten von Hunden. Diese Geschichte beginnt also in der Sowjetunion. Dort wurde die Pelztierzucht seit der Zeit zwischen den Weltkriegen wie eine Großindustrie aufgebaut, und nach dem Zweiten Weltkrieg war die Zucht wichtig, weil der Export von Fellen gern genommene Valutaeinnahmen brachte.

In den fünfziger Jahren fand ein russischer Biologe namens Dmitri Beljajew (1917-1985) heraus, dass Pelztierzucht sich perfekt für ein von ihm geplantes, groß angelegtes Experiment eignete. Silberfüchse waren ausgezeichnete Versuchstiere. Die Pelzproduktion lieferte zudem einen nützlichen Deckmantel, denn dadurch konnte Beljajew so tun, als würde er nur forschen, um den Umgang mit den Füchsen zu erleichtern und so die Pelzproduktion zu effektivieren. Tatsächlich interessierte ihn eine Form der biologischen Grundlagenforschung, der die sowjetischen Behörden skeptisch gegenüberstanden. Beljajew war fasziniert von Genetik und Evolution, aber bis weit in die Nachkriegszeit hinein hingen die sowjetischen Verantwortlichen einer bestimmten Vorstellung des Verhältnisses von Evolution, Erbe und Milieueinflüssen an und taten Begriffe wie Gene und Erbsubstanz als »bürgerliche Wissenschaft« ab.

Beljajew wollte herausfinden, wie wilde Tiere einst zu Haustieren wurden, vor allem, wie der Wolf zum Hund wurde. Er wollte den Domestikationsprozess nachzeichnen und dessen Wirkung untersuchen. Das Experiment begann mit Silberfüchsen aus den sowjetischen Pelztierfarmen, die von dem gleichen kanadischen Bestand abstammten wie die norwegischen Silberfüchse. Es ging also nicht um wirklich wilde Tiere, sondern um Füchse, deren Domestikationsprozess bereits eingesetzt hatte. Aber die Füchse aus den Pelztierfarmen waren den Umgang mit Menschen nicht wirklich gewohnt. Hielt man die Hand in den Käfig, bissen sie häufig zu, sodass die Pfleger dicke Schutzhandschuhe tragen mussten.

In einer eigenen Versuchsanlage in Sibirien wurden die Füchse des Experiments in ähnlichen Käfigen wie auf den Pelztierfarmen gehalten. Während ihres Aufwachsens hatten sie genau bemessene Zeiten mit menschlichem Kontakt, und wiederholte Tests sollten zeigen, ob der Fuchs Menschen tolerierte und eventuell sogar aktiv den Kontakt zu ihnen suchte. Die Pfleger streckten die Hand aus, boten Futter an und versuchten, die Welpen zu streicheln. Wer fortlief oder biss, war bei der Prüfung durchgefallen und durfte nicht weiter am Experiment teilnehmen. Die Füchse, die zutraulich agierten und Kontakt suchten, wurden zur weiteren Zucht ausgewählt. So setzte sich das Experiment von Fuchsgeneration zu Fuchsgeneration, von Jahr zu Jahr, von Jahrzehnt zu Jahrzehnt fort. Nach Beljajews Tod führten Kollegen das Experiment weiter. Schließlich hatten die Wissenschaftler einen Bestand von Füchsen, die nicht nur den Kontakt tolerierten, sondern aktiv auf Menschen zugingen, auch wenn es nichts zu fressen gab. Diese weitgehend domestizierten Füchse wedelten mit dem Schwanz, fiepten, schnüffelten und leckten, wenn sie die Gelegenheit dazu bekamen, Menschen zu begrüßen. Kurz gesagt, sie benahmen sich wie Hunde.

Das Experiment wird bis zum heutigen Tag weitergeführt. Es zeigt, dass die Einstellung des Fuchses zum Menschen – ob er den Kontakt mit Menschen mag oder fürchtet – zu einem großen Teil von angeborenen und ererbten Eigenschaften abhängt. Es liegt also in den Genen. Auch die Umgebung während des Heranwachsens spielt definitiv eine Rolle: Selbst die Füchse, die zur Zahmheit gezüchtet wurden, mussten sich während ihres Aufwachsens an Menschen gewöhnen. Erst wenn sie aus dem Käfigmilieu, in dem das eigentliche Experiment durchgeführt wird, herausgenommen und wie eine Art Schmusetier gehalten werden, zeigt sich ihr wahres Potential, mit Menschen Kontakt aufzunehmen. Andererseits können viele Füchse, die nicht gezielt domestiziert wurden, trotzdem lernen, Vertrauen aufzubauen, wenn sie während ihrer Zeit als Welpen sehr engen Kontakt zu Menschen hatten. Allerdings ist es sehr viel einfacher, das Vertrauen der Füchse des Beljajew-Experiments zu gewinnen.

Beljajews Ziel war es nicht herauszufinden, ob Zahmheit erblich ist. Ihm ging es darum, eine Beobachtung weiterzuverfolgen, die Charles Darwin seinerzeit gemacht hat. Darwin wies darauf hin, dass es einige sichtbare Gemeinsamkeiten bei Tieren gibt, die zu Haustieren gemacht, also domestiziert wurden. Abgesehen davon, dass sie Menschen gegenüber zugänglicher waren, unterschieden sich die Haustiere physisch von ihren wilden Verwandten, ohne dass im ersten Moment zu erkennen war, wozu diese Modifikationen dienen sollten. Zum Beispiel hatten Haustiere häufig variablere Farbzeichnungen, Varianten mit Mustern von hellen und dunklen Flecken am Körper waren üblich; einige hatten hängende Ohren, obwohl sie von wilden Vorfahren abstammten, deren Ohren aufrecht standen. Später wurden diese Gemeinsamkeiten zwischen ungleichen Arten, die als Haustiere gezähmt wurden, als Domestikations-Syndrom bezeichnet. Der Begriff ist ein wenig umstritten. Denn bei weitem nicht alle Haustiere weisen alle Züge auf, die man mit diesem Syndrom verbindet. Fachleute diskutieren weiterhin, wie groß die Gemeinsamkeiten eigentlich sind, wie sich die verschiedenen Tierarten während der Domestikation verändern und welche Schlussfolgerungen man aus dem großen Fuchsexperiment ziehen kann.

Beljajew meinte, einige sichtbare Unterschiede zwischen wilden und zahmen Tieren seien schlicht Nebenwirkungen der charakterlichen Veränderungen der Tiere. Wählte man Tiere aus, die ruhig, freundlich und angstfrei waren und sich damit für ein Leben in der Nähe von Menschen eigneten, erhielt man in der Praxis Tiere mit etwas anderen Genen und einer etwas anderen Hormonproduktion – und dies hätte Auswirkungen auf das Verhalten des Tieres und die physische Entwicklung vom Fötenstadium an.

Die russischen Wissenschaftler, die den Domestikationsversuch nach Beljajews Tod fortsetzten, erklärten, erst durch das Experiment sei es bei den Füchsen zum Domestikations-Syndrom gekommen. Einige der Füchse, die zahm gezüchtet wurden – tatsächlich eine kleine Minderheit unter ihnen – weisen hundeartige physische Veränderungen auf: etwas hängende Ohren, einen lockigen Schwanz und weiße Farbflecken sowie eine Variante mit einer Blesse, einem weißen Fleck auf der Stirn. Sie berichten von Veränderungen der Schädelform bei den Füchsen, die an die Entwicklung vom Wolfs- zum Hundeschädel erinnern – vom Wild- zum Haustier. Außerdem haben sie Anzeichen für eine erweiterte Paarungszeit gesehen. Dies ist von Interesse, weil einer der auffallendsten Unterschiede zwischen Hund und Wolf darin besteht, dass die Fruchtbarkeit des Hundes nicht auf eine kurze jährliche Paarungszeit begrenzt ist.

Beljajew schlug eine Erklärung des Domestikations-Syndroms vor, die auch viele andere Wissenschaftler vertreten: Tiere, die domestiziert werden, unterliegen einer Art Entwicklungsstörung, sodass sie auch als erwachsene Tiere Züge des Jungtieres bewahren. Dies könnte das erhöhte Vertrauen und die Umgänglichkeit gegenüber Menschen erklären, und es könnte einige physische Veränderungen erklären, die bei domestizierten Tieren wie dem Hund beobachtet wurden. Ein neuerer und genauerer Ansatz zur Erklärung des Domestikations-Syndroms ist, dass es in der Entwicklung des Fötus frühzeitig zu einer Veränderung im Wachstum einer Gruppe der sogenannten Neuralleistenzellen kommt. Diese Zellen sind der Ursprung von Gewebe an vielen Stellen im Körper und können der Auslöser von Veränderungen im Nervensystem und von sichtbaren Veränderungen sein, zum Beispiel in der Form der Ohren oder der weißen Flecken im Fell.

Die Diskussion über das Domestikations-Syndrom ist faszinierend, weil die Haltung von Haustieren ein so wichtiger Teil der Menschheitsgeschichte ist. Viele von uns haben ein enges Verhältnis vor allem zu Hunden und Katzen und wollen wissen, wie ein Wildtier zu einem verschmusten guten Bekannten werden konnte. Aber es gibt noch einen anderen Grund für das große Interesse am Domestikations-Syndrom. Die eigene Entwicklungsgeschichte des Menschen weist nämlich durchaus vergleichbare Züge auf. Unsere Art ist gekennzeichnet durch die einzigartige Fähigkeit der Individuen einander zu vertrauen, zu kooperieren und Güter zu teilen. Diese Fähigkeit setzt voraus, dass wir auf Menschen, mit denen wir verkehren, nicht ständig wütend werden oder uns vor ihnen fürchten. Kurz gesagt, wir müssen uns irgendwann selbst domestiziert haben. Die Veränderungen in der Entwicklung der Föten und des Hormonsystems, die uns zu umgänglicheren Wesen gemacht haben, könnten den Veränderungen ähnlich sein, die Wölfe zu Hunden und russische Silberfüchse menschenfreundlicher werden ließen.

Ein Wissenschaftler mit dem tierischen Namen Brian Hare hat kürzlich eine menschliche Domestikations-Hypothese aufgestellt. Sie basiert in hohem Maß auf unserem Wissen über andere Tierarten wie Hunde, Füchse oder Affen. Professor Hare beginnt mit dem Hund. Irgendwann domestizierte er sich selbst. Das heißt, Hundeartige fingen an, eng mit Menschen zusammenzuleben und sich von deren Abfall zu ernähren. Diese

29 *Ein domestizierter Rotfuchs, der beim Anblick von Hunden ängstlich reagiert, wird von seinem Besitzer beruhigt. Großbritannien im November*

Hunde mussten furchtlos genug sein, sich den Menschen zu nähern, und ungefährlich genug, dass die Menschen sie um sich ertrugen. Die Hunde, denen es darüber hinaus gelang, sich bei den Menschen einzuschmeicheln, weil sie süß oder nützlich waren, bekamen vielleicht hier und da einen Bissen hingeworfen. So begann die natürliche Auswahl von umgänglichen und menschenfreundlichen Hunden, lange bevor jemand an Zucht dachte.

Eine der prägenden Eigenschaften von Hunden ist, dass sie weitaus besser als Wölfe die Signale der Menschen interpretieren können, zum Beispiel Gesten. Brian Hare führte ein Experiment mit den russischen Beljajew-Füchsen durch und fand heraus, dass auch sie ein besonderes Talent dafür hatten, menschliche Gesten und Blicke zu interpretieren. Sie waren darin schneller als die Füchse der Kontrollgruppe, die aus Silberfüchsen aus Pelztierfarmen bestand, die nicht systematisch wegen ihrer Zahmheit ausgewählt worden waren. Die Beachtung der menschlichen Körpersprache gehörte bei dem Experiment nicht zu den Selektionskriterien. Es war das Nebenergebnis eines ruhigeren, freundlicheren und vertrauensvolleren Charakters. Die Annahme liegt nahe, dass ein ähnlicher Effekt es seinerzeit dem Hund erleichterte, sich selbst zu domestizieren – wenn die Fähigkeit, die menschlichen Signale zu verstehen, tatsächlich die Nebenwirkung eines umgänglichen Charakters ist. Vielleicht wurde ja das einzigartige Kommunikationstalent des Menschen, also die Sprache, auf ähnliche Weise möglich; als Ausdruck unseres zahmeren und umgänglicheren Wesens?

Eine andere wichtige Gemeinsamkeit zwischen Hunden und den Beljajew-Füchsen ist, dass die Zeit der Formbarkeit als Welpen, solange sie offen dafür sind, sich an Menschen zu binden, länger ist als bei ihren wilden Stammvätern. Es ist möglich, auch andere Fuchs- und Wolfswelpen zu zähmen, aber es erfordert einen intensiveren Einsatz innerhalb eines kürzeren Zeitfensters. Die verhältnismäßig lange Phase, in der Hundewelpen und Beljajew-Füchse bereit sind, sich zähmen zu lassen, erinnert ein wenig an den Menschen. Wir haben ja auch eine sehr lange Kindheit, in der wir lernbereit, formbar und offen für Eindrücke sind.

Brian Hare hat sich auch mit unseren engsten lebenden Verwandten unter den Menschenaffen und mit unseren noch engeren ausgestorbenen Verwandten beschäftigt, von denen wir durch Knochenfunde und Gegenstände wissen, die sie nach und nach anzufertigen lernten. In der Entwicklung des modernen Menschen – des *Homo sapiens* – erkennt Hare Spuren eines Domestikationsprozesses. Die Menschen belohnten einander, wenn sie freundlich und kooperationsbereit miteinander umgingen, und sie bestraften einander bei gegenteiligem Verhalten. Die Veränderung des Charakters kann unter anderem dadurch erfolgt sein, dass wir anfingen, in der Pubertät weniger von dem männlichen Geschlechtshormon Testosteron zu produzieren, und dadurch weniger impulsiv und aggressiv reagierten. Hare sieht Anzeichen für eine geringere Einwirkung von Testosteron in den Knochen der Menschen, die vor rund achtzigtausend Jahren lebten. Eine solche Veränderung des Hormonsystems passt gut zu der These, dass sich unsere Vorfahren zu dieser Zeit einem ruhigeren, umgänglicheren und vertrauensvolleren Dasein näherten, als Anpassung an eine neue Lebensweise. Zu den Nebenwirkungen gehörte das harmlosere Aussehen von Gesichtern, abgesehen von ausgeprägt maskulinen Zügen, die Menschen häufig noch immer als bedrohlich empfinden. Grundsätzlich trug es dazu bei, das Vertrauen und die Kooperation unter den Menschen zu stärken. Aber die Verbesserung des Zusammenlebens bedeutete nicht das Ende der Anwendung von Gewalt. Parallel zur Umgänglichkeit untereinander wurden wir zu mehr Zusammenarbeit im Kampf gegen äußere Feinde konditioniert.

Die menschliche Natur ist bekanntlich mindestens so vielfältig wie die des Fuchses. Zu einer unserer seltsamen Eigenarten gehört der Drang, Tiere der unterschiedlichsten Arten an uns zu binden. Wir haben bereits eine lange Liste mit etablierten Haustieren wie Schweinen, Katzen, Seidenraupen, Goldfischen, Wasserbüffeln, Lachsen, Rentieren und Wellensittichen. Außerdem haben die Menschen überall auf der Welt versucht, die wilden Tiere, die sie gefangen haben, zu zähmen. Bilder, die Kinder aus dem Regenwald des Amazonas mit Echsen, Affen und Vögeln zeigen, illustrieren diesen Punkt.

Die mediale Aufmerksamkeit für die Beljajew-Füchse hat natürlich bei vielen Menschen den Wunsch nach einem eigenen Kuschelfuchs geweckt. Eine Zeitlang wurden die Füchse als Schmusetiere in den USA und Europa vermarktet, die Wahrheit ist allerdings, dass selbst diese domestizierten Füchse sich nicht wirklich zum Kuscheltier eignen. Tatsächlich sind sie leichter zu zähmen als andere Füchse. Sie werden freundlich und verschmust, wenn man sie ungefähr so aufzieht wie einen Hundewelpen oder ein Katzenjunges. Menschen, die Erfahrung mit Kuschelfüchsen haben, berichten, Füchse hätten eine eigensinnige Einstellung, die eher an Katzen als an Hunde erinnere. Aber Füchse haben auch ein großes Aktivitätsniveau. Wie die meisten Füchse kennen die Beljajew-Füchse kaum Pausen und Ruhezeiten, und ihr Verhalten ist unvorhersehbar. Eine Fuchshalterin erzählt, ihr anhänglicher Fuchs hätte in einem unbeobachteten Moment in ihre Kaffeetasse gepinkelt. Auch die sibirischen Füchse treiben so viel Unfug, dass kaum jemand sie auf Dauer im Haus haben will. Der Geruch des Fuchses ist ein weiterer Grund, warum Kuschelfüchse häufig in gut gesicherten Schuppen leben müssen, damit sie nicht über den Zaun klettern oder sich unter dem Zaun ins Freie graben.

Die private Haltung von Füchsen ist inzwischen in vielen Ländern der Erde verboten. Auch in Norwegen untersagt eine neue, im Frühjahr 2020 eingeführte Wildvorschrift das Halten von solchen Kuschelfüchsen. Aber von einem Leben mit einem Fuchs zu träumen, ist nach wie vor erlaubt. Also hören wir dem Fuchs in »Der kleine Prinz« zu, wenn er den Prinzen instruiert, wie er am besten vorgehen soll, um den Fuchs zu zähmen. »›Es wäre besser gewesen, du wärst zur selben Stunde wiedergekommen‹, sagt der Fuchs. ›Wenn du zum Beispiel um vier Uhr nachmittags kommst, kann ich um drei anfangen, glücklich zu sein.‹« Der Prinz muss sehr geduldig sein. Er muss am Anfang Abstand halten, bis er sich dem Fuchs Tag für Tag ein bisschen mehr nähern darf. »Du bist für mich noch nichts als ein kleiner Knabe, der hunderttausend kleinen Knaben völlig gleicht. Ich brauche dich nicht, und du brauchst mich ebenso wenig. Ich bin für dich nur ein Fuchs, der hunderttausend Füchsen gleicht. Aber wenn du mich zähmst, werden wir einander brauchen. Du wirst für mich einzig sein in der Welt. Ich werde für dich einzig sein in der Welt …« Und das klingt doch verlockend.

Verspielt wie Füchse

Ein weiterer sehr früher Morgen. Ich fahre von zu Hause die leere Landstraße entlang. Gleich hinter dem Kreisel und dem Laden, dessen Fenster noch dunkel sind, sehe ich auf dem Feld einen Fuchs. Er hebt den Kopf und blickt skeptisch auf mein Auto, dann zieht er sich zurück und verschwindet am Waldrand, während ich pflichtschuldig den Blick wieder auf die Straße richte. Ein paar hundert Meter weiter liegt der Parkplatz. Als ich aussteige und das Fernglas vor die Augen hebe, ist der Fuchs bereits wieder auf dem Feld. Offensichtlich hat er dort Ärger mit ein paar Vögeln, eine Krähe und eine Möwe greifen ihn aus der Luft an, sie schweben tief über dem Fuchs, der den Kopf senkt und die Ohren hängen lässt. Kurz darauf sucht er Deckung zwischen den Bäumen.

Ich überquere die Landstraße. Bevor ich einen Schotterweg betrete, drehe ich mich um und sehe den Fuchs durch mein Fernglas noch einmal. Er will jetzt die Straße überqueren und schaut vernünftigerweise nach rechts und links, bevor er losläuft. Auf der anderen Straßenseite gibt es erneut Ärger mit einer Schar Möwen, der Fuchs rennt Hals über Kopf zurück, sodass ein herankommender Bus abrupt bremsen und ausweichen muss, um den Fuchs nicht zu überfahren. Noch einmal verschwindet der Fuchs am Waldrand.

Der Sitzplatz, den ich gewählt habe, liegt ein paar Steinwürfe entfernt am Waldrand. Ich gehe einen Weg an einem mit Bäumen begrenzten Bachlauf entlang, springe über den Bach, klettere durchs Gebüsch bis zum Rand eines Feldes und setze mich. Von meinem Platz führt ein Hang hinunter zum Feld, auf der anderen Seite des Feldes liegt ein Rehbock und ruht sich aus. Als er mich im Gebüsch rumoren hört, hebt er den Kopf, aber offensichtlich har er keine Veranlassung, sich zu erheben. Sobald ich ruhig bin, scheint er mich vergessen zu haben.

Es ist ein neues Gelände, das ich nach und nach erkunde. Die Füchse hier kenne ich nicht. Das heißt, den, der beinahe vom Bus überfahren wurde, habe ich schon ein paar Mal kurz gesehen, das Weiß seiner Schwanzspitze zieht sich ungewöhnlich weit über den Schwanz. Eigentlich bin ich aufgebrochen, um nach ihm Ausschau zu halten. Ich habe Glück. Nach einer knappen Stunde des Wartens zeigt sich der Fuchs wieder, nicht weit von dem Rehbock entfernt. Die kleinen Vögel in den Bäumen bringen den Fuchs dazu, sich mit den Pfoten am Stamm aufzurichten; so bleibt er eine Weile stehen, bis er aufgibt. Der Rehbock hat sich bereits erhoben, als der Fuchs kommt, um Streit anzufangen. Ich wüsste kein anderes Wort für sein Verhalten. Der Fuchs unternimmt kleine Ausfälle gegen den Bock und weicht zurück, um sich das Geweih vom Leib zu halten. Der Rehbock ist natürlich gereizt und entscheidet sich, den Fuchs ein für alle Mal zu verjagen, aber es nützt nichts, die Drehungen und Finten des Fuchses sind zu schnell. Der Bock wird in ein Spiel einbezogen, von dem er offenbar meint, dass es unter seiner Würde ist. Zwischendurch setzt der Fuchs sich hin und blickt in eine andere Richtung, und der Rehbock versucht, so zu tun, als ginge ihn das alles nichts an. Doch es dauert nicht lang, bis der Fuchs seine Provokationen wieder aufnimmt. Der Streit der beiden Tiere verlagert sich auf das Feld, sie kommen in meine Richtung. Als sie sich in einer Senke befinden, verliere ich sie aus den Augen. Rasch lege ich mein Fernglas beiseite und greife zur Kamera. Der Fuchs kommt über einen Hügel gelaufen, direkt auf mich zu, die Schnauze halb geöffnet, Kopf und Ohren gesenkt, der Rehbock ist ihm dicht auf den Fersen. Nun sind sie ganz nah. Klick, klick. Das Geräusch der Kamera hört sich furchtbar laut an, und der Bock scheint unruhig zu sein, vielleicht erinnert er sich, dass hier oben jemand war. Jedenfalls bleibt er stehen und schaut, woher die Klickgeräusche kommen, ohne dass er mich im Schatten unter den Büschen erkennen kann. Der Fuchs läuft weiterhin in meine Richtung. Klick, klick, klick. Jetzt fragen sich beide Tiere, woher die Geräusche kommen. Der Fuchs bleibt vier, fünf Meter von mir entfernt stehen, sperrt die Augen auf und starrt direkt in die Kamera, verwundert, hellwach, mit einem wilden Blick. Dann will er rechts von mir in den Wald laufen, aber als ich das lange Teleobjektiv schwenke, um ihm zu folgen, sieht er mich und weicht erschrocken zurück. Er rennt auf den Waldrand links von mir zu und verschwindet.

Der Rotfuchs spielt mit seiner Beute. Er spielt mit Gegenständen. Er spielt mit seinen Eltern und Geschwistern, mit seinen Nachkommen und mit anderen Mitgliedern der Familiengruppe, er spielt mit potentiellen Partnern vor der Paarung, und er spielt darüber hinaus mit einem Feind wie dem Rehbock. Ich habe Filmaufnahmen von einem wilden Rotfuchs gesehen, ein paar Dutzend Kilometer von meinem Wohnort entfernt, dessen fester Spielkamerad ein Schäferhund war; und ein anderer

Fuchs wurde gefilmt, als er sich in Oslo in das Spiel auf einem Fußballplatz einmischte und schließlich mit dem Ball davonlief. In England hatte ein Fuchs ein paar hundert gestohlene Schuhe angesammelt.

Selbstverständlich kann ein wildes Tier nicht ständig spielen. Hin und wieder kämpft der Fuchs auf Leben und Tod, flieht vor Gefahr oder konzentriert sich voll und ganz auf die Jagd, das Graben oder andere notwendige Verrichtungen, aber wie es scheint, ist auch das Spiel wichtig. Vielleicht hat es etwas mit seiner Anpassungsfähigkeit zu tun, mit seinen umfassenden Futtergewohnheiten und seiner flexiblen Lebensweise. Offensichtlich dient das Spiel nicht nur der Einübung besonderer Fertigkeiten, sondern hilft uns Säugetieren, mit uns und unserer Umgebung vertraut zu werden. Das Spiel ist ein Training, um unvorhergesehene Situationen zu meistern.

Die Methode des Fuchses ist es, der Welt im wahrsten Sinne des Wortes auf den Zahn zu fühlen. Er umkreist das Neue, beißt vorsichtig hinein und prüft, ob es gut schmeckt oder zurückbeißt. Er rückt vor und zieht sich abrupt zurück, auch wenn nichts geschehen ist. Der Fuchs ist, solange er auf der Jagd oder auf Entdeckungsreise ist, ein hyperaktives Tier, er prüft, wild, aufmerksam und neugierig. Wir könnten durchaus andere Geschichten über ihn erzählen. Das Etikett listig und schlau hängt an ihm, aber ich glaube, das liegt eher am Fuchs in der Literatur als am lebenden Tier. Aber es ist sicherlich richtig, dass der Fuchs nach allem, was man über ihn weiß, ein intelligentes Tier ist. Es ist kaum ein Zufall, dass so findige und gelehrige Tierarten wie Fuchs, Krähe oder Rabe in den Geschichten als Schlitzohren auftauchen und zum Beispiel keine Gänse. Aber Intelligenz bedeutet nicht einfach Schlauheit. Wenn es einem Fuchs gelingt, in einen Hühnerhof einzudringen, von

30 Rotfuchswelpe beißt in den Schwanz eines erwachsenen Rüden. Kronotsky Zapovednik Nature Reserve, Halbinsel Kamtschatka, Russischer Ferner Osten im Juni

dem der Eigentümer meint, er sei vor dem Fuchs sicher, indem er gräbt, klettert, den Zaun durchbeißt oder Türen und Luken aufschiebt, zeigt er Erfindungsgabe und draufgängerischen Mut, aber es ist kaum ein Beispiel für seine Schlauheit. Es geht um die Fähigkeit, andere zu besiegen oder zu manipulieren, indem man ihre Absichten und Meinungen ausnützt, ohne dass sie rechtzeitig verstehen, was mit ihnen geschieht. Angeblich, so das klassische Beispiel, stellt sich der Fuchs tot, um Vögel zu überlisten, sie sollen ihm so nahe kommen, dass er sie fangen kann. Die Erzählung ist in der Geschichte unzählige Male wiederholt worden, unter anderem von Bischof Olaus Magnus im 16. Jahrhundert. Ganz sicher haben Menschen so etwas beobachtet. Die Frage ist nur, ob der Fuchs nicht einfach nur dalag und döste und von einer neugierigen Krähe oder Elster geweckt wurde, die hoffte, einen toten Fuchs anknabbern oder einen lebenden ärgern zu können. Krähen, die häufig Konflikte mit dem Fuchs austragen, sind ebenfalls kluge und verspielte Tiere.

Bestimmt kommt es vor, dass Füchse versuchen, sich gegenseitig zu übervorteilen. Möglicherweise machen sie sich hin und wieder auch Gedanken, wie sie die Menschen oder vielleicht auch andere Tiere überlisten können. Intuitiv würde ich meinen, dass der Fuchs einen schärferen Verstand hat als, sagen wir mal, ein Dachs oder ein Reh. Tiere, die Futter verstecken und die Vorräte anderer plündern, müssen listig vorgehen. Das Gleiche gilt vermutlich für Tiere, die ständig Jagd auf neue Arten von Beute machen, von denen jede ihre eigene Fluchtstrategie entwickelt. Aber so, wie ich den Fuchs sehe, ist nicht Schläue sein wichtigster Charakterzug. Mikkels / Reinekes / Renarts Fähigkeit, sich aus Situationen herauszureden, ist ja in jedem Fall eine Eigenschaft, die für uns Menschen relevant ist, sprachmächtig und hypersozial, wie wir sind. Wenn wir in den Erzählungen über den betrügerischen Fuchs trotzdem das Tier aus Fleisch und Blut erkennen, liegt es an seinem Erfindungsreichtum, der Kühnheit und daran, dass er einen Ausweg findet, wo es keinen zu geben scheint. Die Entschlossenheit hat Reineke von seinen vierbeinigen Vorbildern.

Eines Tages bin ich einen Waldweg entlanggegangen und habe mich nach Fuchsspuren umgesehen, als mir etwas einfiel, woran ich viele Jahre nicht gedacht hatte. Als ich klein war, nannte meine Mutter mich einmal Fuchs. »Du Fuchs«, sagte sie. Ich fragte, was sie damit meine. Es sei nett gemeint, beteuerte sie, und ich erinnere mich, dass es nur einer von ihren vielen liebevollen Kosenamen war. Sie wollte mich wohl als ein kleines Schlitzohr bezeichnen. Ich weiß nicht, ob es etwas mit der Sache zu tun hat, aber als meine Mutter mich damals Fuchs nannte, passte dazu auch, dass ich ein wenig von ihrer kupferroten Haarfarbe geerbt hatte, die immer schon zu ihr gehörte. Daher fragte ich mich, ob hinter meinem Interesse an Füchsen mehr steckt, ob das Ganze damit zu tun hat, dass ich mich in irgendeiner Form mit den Tieren identifizieren konnte.

Besonders wild fühle ich mich nicht. Das kann nicht der Grund sein. Dennoch verspüre ich eine gewisse Verwandtschaft mit Füchsen. Möglicherweise liegt es daran, dass sie zusammen leben, aber allein jagen. Wie die meisten Menschen brauche auch ich andere Menschen um mich herum, Familie, Freunde, Kollegen, aber ich bin jemand, der auch Zeit für sich braucht. Arbeiten kann ich am besten allein. Auch meinen Freizeitinteressen gehe ich hauptsächlich allein nach, und die Natur spricht tatsächlich deutlicher zu mir, wenn niemand bei mir ist, der sich mit mir unterhalten will.

Für mich ist das Beobachten von Füchsen und das Entdecken von all den anderen Tieren, die im Wald und auf den Wiesen leben, ein privates Vergnügen, ein Hobby, im Grunde also eine andere Form des Spielens. Einen besonderen Nutzen hat es nicht. Dennoch macht es mich glücklich, und das erscheint mir doch sinnvoll zu sein, da ich so in gewisser Weise meine eigene Variante der menschlichen Natur ausleben kann. Spielerisch wie die Füchse.

Quellen und Anmerkungen

S. 30: *Klettermaus und die anderen Tiere:* Die Zitate wurden entnommen: *Klettermaus und die anderen Tiere im Hackebackewald. Märchenspiel in vierzehn Bildern von Thorgjörn Egner. Deutsch von Mona und Bernd Haustein und Monika Sperr.* Mit freundlicher Genehmigung des Verlags Felix Bloch Erben.

S. 56: *Ich haben die Aufnahmen einer Wildkamera (…) gesehen:* Rune Karlsen (@lupuslynx) auf Instagram, gepostet 29. 12. 2019.

S. 67: Zur Charakterisierung von Bauhunden: Der Bauhund – Gebrauchshund (tackenberg.de).

S. 87: *»Die Lübecker Herberge«:* »Gamle værtshus i København«. In: *Dengang.dk*. 2007.

S. 117: *In den Nachkriegsjahren war Tembrock Teil der internationalen Forschergemeinschaft:* Allein die Begegnungen mit Fachkollegen aus dem Westen ließen Tembrock verdächtig erscheinen, als der

Kalte Krieg sich zuspitzte. Nicht zuletzt der Kontakt mit Konrad Lorenz war eine Belastung. Lorenz war (im Gegensatz zu Tembrock und tonangebenden Ethologen wie Tinbergen und von Frisch) Mitglied der NSDAP gewesen und nach dem Krieg im Osten wie im Westen umstritten, da seine Schriften vielen Fachkollegen nach wie vor ideologisch belastet erschienen.

S. 122: *zweihunderttausend ausgewachsene Tiere:* »Hvor mange rødrev har vi i Norge?« In: *rovdyrsenter.no*. 2020. Nina E. Eide vom Norsk institutt for naturforskning vermutet aufgrund ihrer Berechnungen 189 616 Tiere, verteilt auf 47 404 ausgewachsene Individuen, die sich vermehren (23 702 Paare), ebenso viele ausgewachsene Tiere, die sich nicht vermehren, und pro Paar vier Welpen.

S. 146: *Im Internet findet man mit Nachtkameras gefilmte Aufnahmen von Fuchsgeburten:* youtube.com / watch?v=SSIyoI4LEwo und youtube.com / watch?v=vWqrfSAmwKo.

S. 149: *halbverdautes Futter herauswürgen:* Populärwissenschaftliche Bücher behaupten, der Fuchs würge Futter für seine Jungen heraus. Forscher, die das Reproduktionsverhalten von Füchsen und anderen Hundeartigen im Detail studiert haben, erklären, diese Methode sei bei Rotfüchsen nicht beobachtet worden, sondern komme bei den Hundeartigen mehr oder weniger exklusiv beim Zweig des Wolfes vor.

S. 172: *In einer Fernsehdokumentation aus dem Jahr 2017:* Fox Tales, *Public Broadcasting Service*, 2017.

S. 172: *Die lokalen Behörden in Bristol ...:* bristol.gov.uk / pests-pollution-noise-food / urban-foxes. Gelesen 14. 10. 2020.

S. 172: *Stephen Harris hat natürlich recht:* In: Denise Winterman, »Outfoxing the urban fox«. In: BBC News Magazine 22. 10. 2013, bbc.com / news / magazine-24563919.

S. 179: *Dann soll es endlich mit der Tierquälerei vorbei sein:* Zur Situation der Pelztierfarmen in Deutschland siehe: www.peta.de / themen / pelzfarmverbot /

S. 198: *Eine Fuchshalterin erzählt:* Andrew Wagner, »Why domesticated foxes are genetically fascinating (and terrible pets)«. In: *PBS Newshour*, 31. 02. 2017. Auf pbs.org.

Danksagung

Nina E. Eide, Wissenschaftlerin am Norwegischen Institut für Naturforschung, kommentierte eine vorläufige Version des Manuskriptes gründlich. Es war eine große Hilfe. Gunnar Rogne und Hans Tjernshaugen lasen und lieferten ebenfalls nützliche Kommentare zu frühen Kapitelentwürfen.

Ich möchte mich bei all denen bedanken, die sich die Zeit genommen haben, mir zu helfen, dem Fuchs nahe zu kommen, entweder dem Fuchs aus Fleisch und Blut oder dem Fuchs aus den Büchern, vor allem Eystein Ruud aus Nesodden, Helen Haanes in Oslo, der Dänischlektorin Lona Holdt in Kopenhagen, Miriam Mayer vom St.-Annen-Museum in Lübeck, Stefan Funk von der Stadtbibliothek in Lübeck, der Tierpflegerin Irene Beyer im Bärenpark von Flå, der Ethologin Anne Lene Hovland aus Ås und dem Pelztierzüchter Sigbjørn Kirkebøen im Hemsedal.

Dank auch an alle, die auf Fragen geantwortet und mit Tipps geholfen haben, unter anderem Mikkel Berg-Nordlie, Line Marie Berteussen, Bård Bredesen, Thomas Dam, Stephen

Harris, Per Holck, Jørn Holm-Hansen, Alex Kacelnik, Oliver Kacelnik, Rune Karlsen, Marianne Løvstad, Arvid Olsen, Harald Røer, Håkon Strand, Harald Weedon-Fekjær und Sigurd Aanderaa.

Schließlich ein großer Dank an »Det faglitterære fond« (Fonds für Fachliteratur) für das Stipendium, das dieses Buchprojekt ermöglichte, und an meinen Arbeitgeber »Store norske leksikon« (Das große norwegische Lexikon) für die Beurlaubung im Frühjahr 2020, sodass ich Zeit hatte, nach dem Fuchs zu suchen, an den Lektor Joakim Botten, der mir half, eine Form zu finden, und an alle im Kagge Verlag für die gute Zusammenarbeit.

Bildnachweis

Aina Bye: 8
iStock by Getty Images: 6 (Gerald Corsi)
Morten Lunde: 24, 25, 26
Nature Picture Library: 29 (Neil Aldridge), 9 (Fabrice Cahez), 10, 22 (Klaus Echle), 23 (Laurent Geslin), 30 (Igor Shpilenok)
Shutterstock: 7 (Esteban Sanchez)
Anne-Mathilde Thierry, NINA: 18

Alle weiteren Abbildungen stammen aus dem Archiv des Autors.